AF828037

Arbeitsheft Lösungen

Fleischerei heute Verkauf heute

1. Ausbildungsjahr

Eichenauer
Gehling
Kudick
Latz
Simon

3., aktualisierte Auflage

Verlag Handwerk und Technik • Hamburg
Dr. Felix Büchner

Inhalt

1 Einführen eines neuen Mitarbeiters

Berufsbilder in der Fleischerei 1
Personalhygiene 2
Produkthygiene 3
Betriebshygiene 4
Betriebliche Eigenkontrolle 5
Infektionsschutzgesetz 6
Alters- und Geschlechtsbezeichnung der Schlachttiere 7
Überblick – Fleischteile 8
Überblick – Wurstwaren 9
Arbeitssicherheit 10
Erste Hilfe 11
Ergonomie und Gesundheitsschutz 12
Unfallverhütung 13
Unfallbericht 14
Einrichtungsgegenstände des Verkaufsraums I 15
Einrichtungsgegenstände des Verkaufsraums II 16
Umwelt- und Gesundheitsschutz 17
EDV und Interneteinsatz in der Fleischerei 18
Rätsel – Datenverarbeitung 19
Komplexe Aufgabe zur Prüfungsvorbereitung 20

2 Beurteilen und Zerlegen von Schwein oder Lamm

Mikroorganismen und Verderb I 21
Mikroorganismen und Verderb II 22
Fleisch – Lebensmittel und Rohstoff 23
Innereien 24
Beurteilung von Schlachtfleisch (Schwein) 25
Biofleisch 26
Marktverlauf und Handelsklassennotierungen 27
Wareneingangskontrolle 28
Zerlegen des Schweines 29
Zerlegen des Schweines II 30
Schweinefleischkalkulation 31
Zerlegen des Lamms I 32
Zerlegen des Lamms II 33
Überblick – Haltbarmachungsverfahren 34
a_w-Wert 35
pH-Wert 36
Kühlen 37
Gefrieren I 38
Gefrieren II 39
Komplexe Aufgabe zur Prüfungsvorbereitung 40

3 Herstellen von Hackfleisch

EG-Lebensmittel-Rahmenverordnung 178/2002 41
Lebensmittel-, Bedarfsgegenstände- und Futtermittelgesetzbuch 42
Leitsätze für Fleisch und Fleischerzeugnisse 43
EU-Hygiene-Verordnungen 44
Herstellen von Hackfleisch I 45
Herstellen von Hackfleisch II 46
Gewürze I 47
Gewürze II 48
Präsentation und Verkauf von Hackfleisch und Hackfleischerzeugnissen 49
Komplexe Aufgabe zur Prüfungsvorbereitung 50

4 Herstellen von küchenfertigen Erzeugnissen

Rechtliche Vorschriften für küchenfertige Erzeugnisse 51
Arbeitsorganisation 52
Convenience-Produkte I 53
Convenience-Produkte II 54
Fleischzubereitung 55
Gartechniken in der Fleischerei 56
Gartechniken in der Fleischerei II 57
Gartechniken in der Fleischerei III 58
Döner 59
Präsentation und Verkauf von küchenfertigen Erzeugnissen I 60
Präsentation und Verkauf von küchenfertigen Erzeugnissen II 61
Komplexe Aufgabe zur Prüfungsvorbereitung 62

5 Informieren über Fleischereiprodukte

Lebensmittelgruppen – Ernährungspyramide 63
Vollwertige Ernährung 64
Functional Food 65
Energiebedarf 66
Kohlenhydrate 67
Fette 68
Eiweiß 69
Vitamine 70
Mineralstoffe 71
Biologische Wertigkeit 72
Verdauung I 73
Verdauung II 74
Ernährungsverhalten 75
Ernährungsmitbedingte Erkrankungen 76
Technologische Bedeutung von Eiweiß 77
Aufbau des Muskels 78
Werbung in der Fleischerei 79
Präsentation und Verkauf 80
Komplexe Aufgabe zur Prüfungsvorbereitung 81

Bildquellenverzeichnis 82
Impressum 82
Sachwortverzeichnis U3

Berufsbilder in der Fleischerei

Sie haben die Ausbildung in der Fleischerei begonnen und sind begeistert von Ihrer Berufsentscheidung. Sie wollen sich eine Übersicht erstellen, welche Tätigkeiten Sie in der Fleischerei erlernen müssen und welche Weiterbildungsmöglichkeiten sich nach der Ausbildung bieten.

1 In der Übersicht sind fünf Arbeitsbereiche der Fleischerei eingetragen. Ergänzen Sie die passenden Arbeitsfelder.

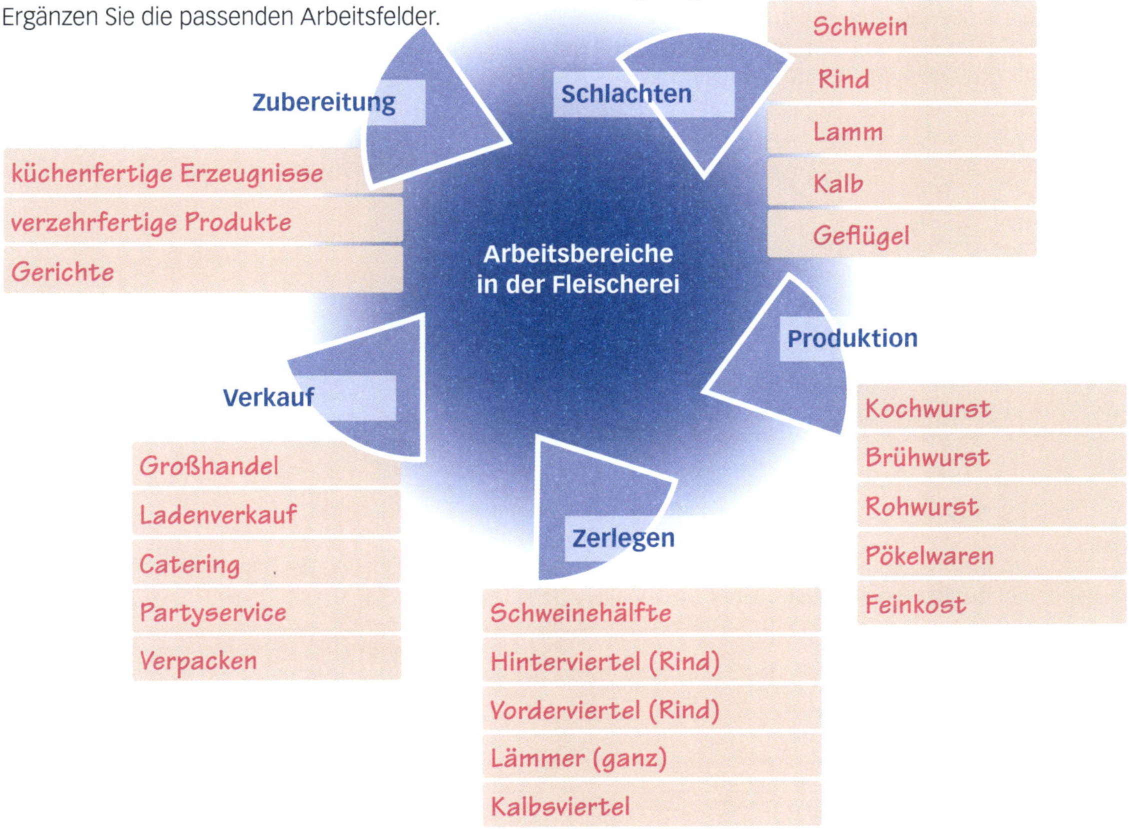

2 Nicht nur viele interessante Aufgaben warten auf die Fleischer/-innen und die Fachverkäufer/-innen, sondern auch zahlreiche Aufstiegsmöglichkeiten und Weiterbildungschancen. Tragen Sie die folgenden Weiterbildungsmöglichkeiten in den unten stehenden „Berufsbaum" ein: Fleischtechniker/-in, Fachtierarzt/-ärztin, Fleischergeselle/Fleischergesellin, Erstverkäufer/-in, Berufsschullehrer/-in, Filialleiter/-in, Fleischingenieur/-in (FH), Fleischermeister/-in, Betriebswirt/-in im Handwerk, Lebensmittelingenieur/-in, Betriebsleiter/-in, selbstständige(r) Fleischermeister/-in, Marktleiter/-in, Erstgeselle/Erstgesellin, Verkaufsleiter/-in, Fachverkäufer/-in im Lebensmittelhandwerk – Fleischerei.

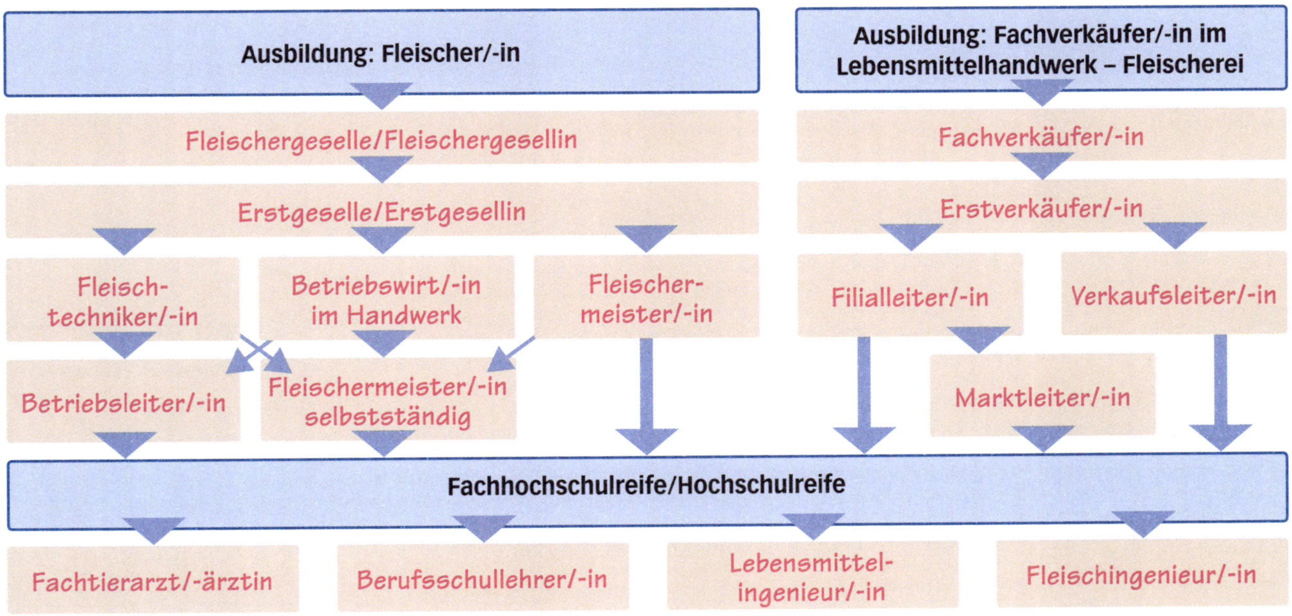

Name: Klasse: Datum:

Personalhygiene

Hygiene ist das absolute Aushängeschild und die beste Werbung einer Fleischerei.
Welchen Stellenwert nimmt die Hygiene in Ihrem Ausbildungsbetrieb ein?

1 Nennen Sie die drei Hygienebereiche und begründen Sie an folgender Situation, warum sie miteinander verzahnt sind.
„Aus einer überlagerten, vakuumverpackten Putenbrust schneidet der Geselle Lutz, der gerade mit der Herstellung eines Schweinerollbratens beschäftigt ist, Putensteaks für das Personalessen. Er benutzt dabei den Zerlegetisch für das Schweinefleisch. Nach dem Schneiden der Putensteaks stellt er den Schweinerollbraten fertig."

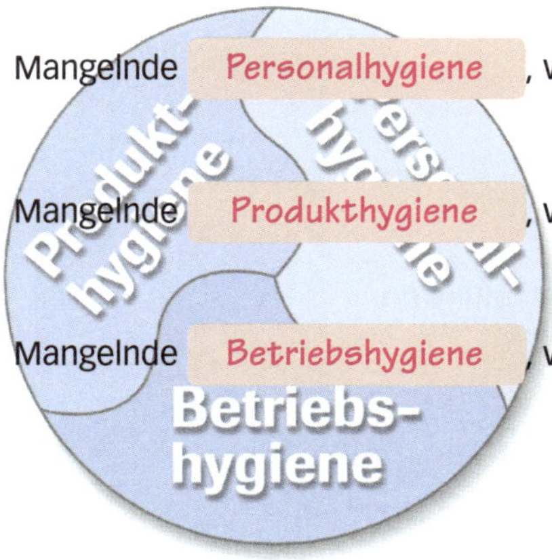

Mangelnde *Personalhygiene*, weil *sich der Geselle nach dem Schneiden der Putenbrust die Hände waschen und desinfizieren muss.*

Mangelnde *Produkthygiene*, weil *die Putenbrust überlagert ist und mit Salmonellen behaftet sein wird.*

Mangelnde *Betriebshygiene*, weil *die Putenbrust „zwischendurch" bearbeitet wird und der Arbeitstisch nicht desinfiziert wurde.*

2 Mikroorganismen kommen an verschiedenen Körperteilen vor. Wieso sind die folgenden Körperteile besonders gefährlich für die Gewährleistung der Personalhygiene? Begründen Sie.

Körperteile	Gefahren	Regeln
Haare	*Sie bieten Verstecke für Mikroorganismen. Die Kopfhaut produziert Schuppen.*	*Beim Umgang mit Lebensmitteln immer eine Kopfbedeckung tragen.*
Nase	*Die Nasenschleimhaut sammelt als Filter Staub und Bakterien.*	*Niemals auf Lebensmittel niesen, sich beim Niesen abwenden, wenn möglich Taschentuch benutzen, danach Hände waschen*
Mund	*Speichel ist hoch verkeimt.*	*Nicht mit den Fingern probieren und nichts ablecken.*
Haut	*Sie scheidet durch die Poren ständig Keime aus.*	*Regelmäßiges Waschen und Desinfizieren der Hände; Körperreinigung.*
Analbereich	*Hier sind die gefährlichsten Keime „zu Hause", selbst nach der Wäsche.*	*Nach dem Toilettengang unbedingt Hände gründlich waschen und desinfizieren.*

3 Kennzeichnen Sie folgende Aussagen mit richtig oder falsch.

	richtig	falsch
Wer bei der Arbeit Einmalhandschuhe trägt, kann auf das zwischenzeitliche Desinfizieren verzichten.		X
Hände sollten mit möglichst heißem Wasser gereinigt werden, um die Mikroorganismen abzutöten.		X
Rot lackierte Fingernägel beim Verkaufspersonal weisen auf ein gepflegtes Äußeres hin.		X
Bei Arbeiten in der Fleischerei muss jeder Mitarbeiter seine Straßenjeans durch eine Arbeitshose ersetzen.	X	

Produkthygiene

Ihre Fleischerei legt größten Wert auf die Produkthygiene. Sie sollen die heute eintreffende Warenanlieferung entgegennehmen und entscheiden, wie die einzelnen Waren gelagert werden müssen, um eine lange Haltbarkeit zu erreichen.

1 Die Produkthygiene fängt bei der Warenanlieferung an. Dabei müssen verschiedene Kontrollpunkte aus Sicht der Produkthygiene geprüft werden.
Ergänzen Sie die Tabelle. Welche Folgen kann die Missachtung der Kontrollpunkte haben und welche Schlussfolgerungen sind daraus abzuleiten?

Kontrollpunkte	Mögliche Folgen bei fehlender Kontrolle	Schlussfolgerungen
Mindesthaltbarkeitsdatum	Haltbarkeitsdatum abgelaufen oder Resthaltbarkeitsdauer zu kurz	Ware nicht verkaufsfähig; Ware hat eine zu geringe Haltbarkeit, deshalb zurückweisen.
Kerntemperatur	Ware zu warm	Ware verdirbt schneller, zurückweisen
Arbeitskleidung des Fahrers	Unsaubere Kleidung kann Frischfleisch kontaminieren	Ware nicht annehmen
Zustand des Lieferfahrzeugs	Unsauberer Zustand des Lieferfahrzeugs führt zur Kontamination des Fleisches	Ware nicht annehmen
Zustand der Behältnisse	Keime können bei unsauberen Behältnissen in den Betrieb eingeschleppt werden	Ware nicht annehmen
Bodenberührung von Fleisch	Fleisch wird mit Keimen kontaminiert	Ware nicht annehmen
Geruchsabweichungen	Fleisch kann verdorben sein oder hat nur noch eine geringe Haltbarkeit	Ware nicht annehmen
Oberflächenbeschaffenheit	Fleisch kann verdorben sein	Ware nicht annehmen

2 Ergänzen Sie den Lückentext mit unten stehenden Begriffen.

Eine lückenlose Produkthygiene von der Anlieferung der Rohware bis zur Abgabe der Fertigware sorgt für eine einwandfreie Produktqualität.

einwandfreie | Rohware | Anlieferung | Fertigware | lückenlose

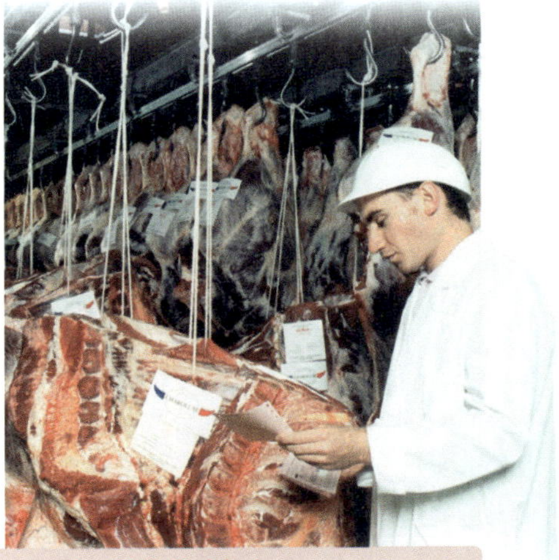

3 Wieso kann eine optimale Produkthygiene Reklamationen verhindern?

Bei einer mangelnden Produkthygiene haben die Mikroorganismen hervorragende Möglichkeiten zur Vermehrung. Die Ware verdirbt schneller bzw. hat eine geringere Haltbarkeit zur Folge. Beides führt zu Reklamationen oder im schlimmeren Fall zum Ausbleiben der Kunden.

Name: Klasse: Datum:

Betriebshygiene

Sie bekommen vom Meister den Auftrag, den Kühlraum zu säubern, und erhalten die notwendigen Anweisungen. Sie sind sich dennoch unsicher, mit welchem Reinigungsmittel Sie Fußböden, Wände und Regale reinigen sollen.

1 Was umfasst der Begriff „Betriebshygiene"?

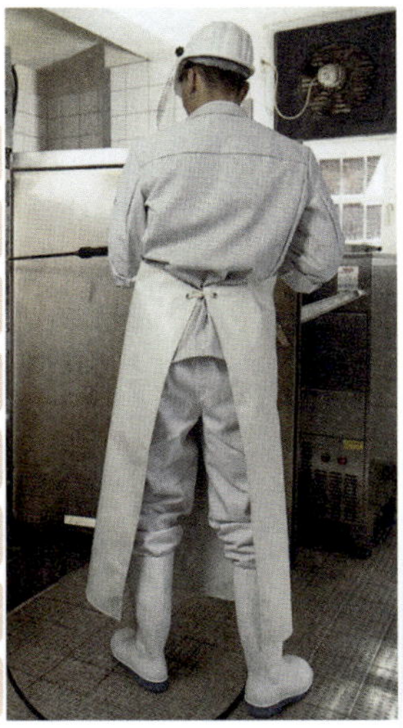

Im weiteren Sinn:
- alle Maßnahmen zum Sauberhalten von Arbeitsräumen und Arbeitsgeräten, um Verderb von Lebensmitteln zu verhindern

Im engeren Sinn:
- räumliche Trennung von reinen und unreinen Bereichen
- Lagerung von Abfällen in Behältnissen, die eine Gefährdung von Lebensmitteln ausschließen
- Reinigung und Desinfektion aller Behältnisse, Geräte und Werkzeuge, die mit Lebensmitteln direkt oder indirekt in Berührung kommen könnten

2 Alle Maßnahmen sind in einer Hygienedokumentation festzuhalten und zu kontrollieren. Welche Punkte beinhaltet eine solche Dokumentation?

Kontrolle
Wer kontrolliert dieses (z.B. Vorarbeiter, Meister)?

- **Betriebsstelle**
  Was soll gereinigt werden (z.B. Fußboden, Einrichtung, Messer, Schneidbretter)?
- **Tätigkeit**
  Wie wird gereinigt und desinfiziert (z.B. Nassreinigung, Desinfektion)?
- **Häufigkeit**
  Wann und wie oft wird gereinigt (z.B. täglich, wöchentlich)?
- **Mittel**
  Womit wird gereinigt (z.B. Scheuerbürste, Hochdruckstrahler, Besen)?

3 Ergänzen Sie den Reinigungs- und Desinfektionsplan unter Beachtung der Vorgaben durch das HACCP-Konzept.

	Betriebsstelle	Tätigkeit	Mittel	Häufigkeit
Zerlegung/Produktion	- Fußböden	Reinigung,	Kraftreiniger,	täglich
		Desinfektion	Desinfektionsmittel	1 x monatlich
	- Fenster, Wände, Türen	Reinigung	Reiniger	1 x monatlich
			Spülmittel, Desinfektionsmittel	
	- Werkzeuge, Arbeitsgeräte,	Nassreinigung,	Reiniger, Desinfektionsmittel	nach Benutzung
	Einrichtung	Desinfektion		
Verkaufsraum	- Fußböden	Reinigung	Kraftreiniger	täglich
	- Fenster, Wände, Türen	Reinigung	Reiniger	1 x monatlich
	- Werkzeuge, Arbeitsgeräte,	Reinigung	Spülmittel	täglich
	Einrichtung			

Betriebliche Eigenkontrolle

Überall wo man hinhört: Hygiene ist in aller Munde. Begriffe wie Gute-Hygiene-Praxis, gute Verfahrenspraxis und HACCP schwirren Ihnen im Kopf herum. Was gehört eigentlich wohin?

1 Gute-Hygiene-Praxis (GHP) und gute Verfahrenspraxis meinen im Prinzip das Gleiche. Hier geht es um die Ausarbeitung von einzelstaatlichen Leitlinien für eine gute Hygienepraxis. Dabei wirken auch die verschiedenen Berufsverbände mit, u.a. der Deutsche Fleischerverband. Schauen Sie in den gelben Ordner des Deutschen Fleischerverbandes in Ihrem Betrieb und notieren Sie, welche betrieblichen Eigenkontrollen der Deutsche Fleischerverband empfiehlt.

Hygiene generell, Gesamtbetrieb, Kühlung, Wareneingang/Warenausgang, Reinigung und Desinfektion, Schädlingsbekämpfung, Abfall, Schlachtung, Zerlegung, CCP-Erhitzung, CCP-Reifung bei Rohwurst/ Rohschinken, Schulung

2 Das HACCP-System basiert auf europaweiten Grundsätzen der Hygienepraxis und ist ein Konzept zur systematischen Bewertung der Gefährdungen und Risiken, die mit der Herstellung, der Verteilung und dem Konsum eines Lebensmittels verbunden sind. Es definiert Vorsorgemaßnahmen, welche die Gefahren unter Kontrolle halten.

2.1 Ergänzen Sie die englischen Originalbegriffe und die deutsche Erklärung für HACCP.

H	Hazard	Risiken (mikrobiologische, chemische oder physikalische Gefahren)
A	Analysis and	(systematische) Untersuchung
C	Critical	kritischer
C	Control	Kontroll- (bzw. Steuerungs-)
P	Points	Punkte

2.2 Das HACCP-Konzept umfasst mehrere Elemente. Gehen Sie die einzelnen Schritte anhand eines Beispiels (z.B. Fleischsalat) aus Ihrem Ausbildungsbetrieb durch.

- Erkennen der Gefährdungen

z.B. begrenzte Haltbarkeit durch frische und leicht verderbliche Zutaten wie Mayonnaise und Fleischsalatgrundlage zu „Fleischsalat aus eigener Herstellung"

- Festlegung der kritischen Kontrollpunkte zur Vermeidung von Risiken

z.B. Kerntemperatur der „Fleischsalatgrundlage" (siehe Leitsätze 2.222.5) bei der Herstellung (Brühen)

- Festlegung von kritischen Grenzwerten

Kerntemperatur der „Fleischsalatgrundlage" darf beim Erhitzen nicht unter 72 °C liegen; Kerntemperatur beim Lagern darf nicht über 7 °C liegen

- Einrichtung eines Überwachungssystems

Tägliche Überprüfung der Kühlraumtemperaturen und der Kerntemperatur des Salates; ebenso Kerntemperaturmessung der „Fleischsalatgrundlage" beim Brühen

- Durchführung von Korrekturmaßnahmen

z.B. bei Überschreitung der Kerntemperatur des Salates Fleischsalat entsorgen

- Regelmäßige Überprüfung des Systems

z.B. werden die Kontrollen regelmäßig durchgeführt und in Listen eingetragen?

- Regelmäßige Führung von Protokollen (Dokumentation)

z.B. wann und aus welchen konkreten Gründen Fleischsalat entsorgt wurde

Name: Klasse: Datum:

1 Infektionsschutzgesetz

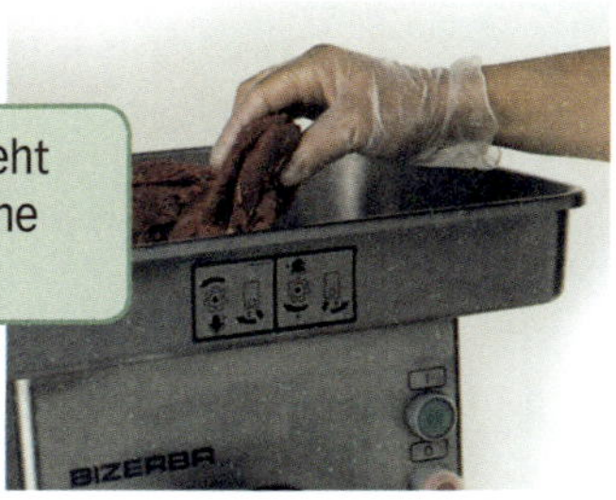

> Morgen fängt ein Praktikant im Herstellungsbetrieb bei Ihnen an. Sein Praktikum geht über zwei Wochen. Heute hat ihn der Chef zum Gesundheitsamt geschickt, um seine Belehrung abzuholen. So ein Aufwand für zwei Wochen. Muss das wirklich sein?

1 Setzen Sie die unten stehenden Begriffe in den Lückentext ein.

Das Infektionsschutzgesetz soll *verhindern*, dass Personen mit *übertragbaren* Krankheiten in *Lebensmittelbetrieben* tätig sind und dadurch zu einer *Übertragungsquelle* werden können. Dem Infektionsschutzgesetz unterliegen Personen, die beim gewerbsmäßigen *Herstellen*, *Behandeln* oder *Inverkehrbringen* von Lebensmitteln tätig sind und dabei mit diesen in Berührung kommen.

Behandeln | verhindern | Herstellen | Lebensmittelbetrieben | übertragbaren | Inverkehrbringen | Übertragungsquelle

2 Welcher Personenkreis wird vom Infektionsschutzgesetz erfasst? Nennen Sie sechs Personengruppen.

Infektionsschutzgesetz

Küchenpersonal in:
- *Gaststätten*
- *Kantinen*
- *Krankenhäusern*
- *Kindergärten*
- *anderen Einrichtungen der Gemeinschaftsverpflegung*

- *Fleischer/-innen*
- *Fachverkäufer/-innen im Lebensmittelhandwerk – Schwerpunkt Fleischerei*

3 Welche Erkrankungen schreiben ein Tätigkeits- und Beschäftigungsverbot für Mitarbeiter im Rahmen des Infektionsschutzgesetzes vor? Streichen Sie das Nichtzutreffende durch.

Salmonellose, ~~Diabetes~~, infektiöse Magen-Darm-Entzündung, ~~Herz-Kreislauferkrankung~~, Virushepatitis, ~~Kreuzbandriss~~, ~~Magengeschwüre~~, infizierte Wunden, ~~Nierenerkrankung mit Dialyse~~, übertragbare Hauterkrankungen, Salmonellenausscheider ohne Erkrankung, ~~Tinitus, Bauchspeicheldrüsenerkrankung~~

4 Kreuzen Sie bei nachstehenden Aussagen an, ob sie richtig oder falsch sind.

	richtig	falsch
In Lebensmittelbetrieben dürfen Personen erstmalig nur tätig sein oder beschäftigt werden, wenn sie eine nicht mehr als drei Monate alte Bescheinigung vorlegen können.	X	
Die Bescheinigung kann jeder Hausarzt ausfüllen.		X
Auch Praktikanten benötigen eine Bescheinigung, da sie mit Lebensmitteln in Berührung kommen.	X	
Die Kosten sind vom Arbeitgeber zu tragen.		X
Die Bescheinigung vom Gesundheitsamt ist beim Arbeitgeber aufzubewahren.	X	
Der Arbeitnehmer muss die Bescheinigung und die letzte Dokumentation der Belehrung bei Betriebskontrollen vorlegen.		X
Auch bei einer kurzfristigen Beschäftigung – und wäre es nur ein Tag – ist eine Bescheinigung unbedingt erforderlich. Eine Gesundheitsgefährdung durch Unwissenheit kann schon am ersten Tag eintreten.	X	

Alters- und Geschlechtsbezeichnung der Schlachttiere

Sie sitzen mit Ihren Kollegen beim Frühstück in der Fleischerei und es wird heftig gefachsimpelt. Irgendwann geht es auch um die verschiedenen Fachbegriffe für Schlachttiere. Es fallen Bezeichnungen wie Sterken, Pölk und Binneneber. Ihr Azubi-Kollege meldet sich zu Wort: „Hört mal, ich kann mit diesen Begriffen nichts anfangen." Sie sollen ihm nun die Begriffe erklären.

Alters- und Geschlechtsbezeichnung		Beschreibung
	**Kalb** (Kuhkalb, Stierkalb, Nüchternkalb)	weibliches oder männliches Jungtier bis zum Alter von 8 Monaten
Jungrind	(Fresser)	abgesetztes Kalb, das bereits Raufutter frisst, 9 - 12 Monate alt
Färse	(Quiene, Starke)	weibliches Rind, unter 2 Jahre, das noch nicht gekalbt hat
Kuh	(Erstling = einmal gekalbt)	weibliches Rind nach dem ersten Kalben
Jungbulle	(Fasel, Hägel, Hagen, Hommel, Hummel, Muni, Gräser, Stier)	nicht kastriertes männliches Rind, ca. 1,5 - 2 Jahre alt
Ochse		kastriertes männliches Rind
Doppellender		Kalb mit starker Ausbildung der Rückenmuskulatur und der Keule
	**Ferkel** (Milchferkel, Spanferkel = 6–8 Wochen, noch saugend, < 20 kg Gewicht)	junges Schwein, bis 10 Wochen
Läufer	(Pölk = männlich kastriert Faselschwein = 12–16 Wochen alt)	junges Schwein, bis 20 Wochen alt
Sauschwein		weibliches Schwein, das noch nicht geferkelt hat
Borgschwein		männliches Schwein im Ferkelalter kastriert
Sau	(Mutterschwein, Zuchtsau)	weibliches Schwein, dient zur Zucht
Eber	(Bär, Hauer, Eberfasel)	ausgewachsenes männliches Schwein
Binneneber	(Niereneber, Spitzeber)	kastriertes Schwein, bei dem ein Hoden nicht entfernt wurde, dieser befindet sich meist in der Bauchhöhle
Altschneider		männliches Zuchtschwein, das ca. 12 Wochen vor der Schlachtung kastriert wurde
	**Lamm** (Jährling, Zweischaufler, Gitzi)	junge Schafe, Milchlamm bis zu 6 Monate, Mastlamm bis zu 12 Monate alt
Schaf	(Mutterschaf)	weibliche oder kastrierte männliche Tiere, älter als 2 Jahre
Bock		männliches Tier, > 1 Jahr
Hammel	(Schöps)	kastriertes männliches Schaf

Name: Klasse: Datum:

Überblick – Fleischteile

Ihre Fleischerei veranstaltet einen Tag der offenen Tür. Sie haben die Aufgabe, eine Infotafel über die Fleischteile vom Schwein und vom Rind zu erstellen, die im Verkaufsraum für die Kunden ausgehängt werden soll.

1 Eine Vielzahl der Begriffe von Fleischteilen wird regional unterschiedlich verwendet.
Fügen Sie den DLG-Begriffen die Bezeichnungen hinzu, die für die einzelnen Fleischteile des Schweins in **Ihrem** Betrieb benutzt werden. Tragen Sie danach die Ziffern aus der ersten Spalte an der richtigen Stelle in der Abbildung ein.

	DLG-Begriffe	Begriffe in Ihrem Betrieb
1	Spitzbein, hinten	
2	Eisbein, hinten	
3a	Nuss	
3b	Hüfte mit Unterschale	
3c	Oberschale	
4a	Filetkotelett	
4b	Rippenkotelett	
5	Kamm	
6	Bauch	
7	Bauchzuschnitt	
8	Wamme	
9	Bruststpitze	
10	Bug/Schulter	
11	Eisbein, vorn	
12	Rückenspeck	
13	Kopf mit Backe und Ohr	

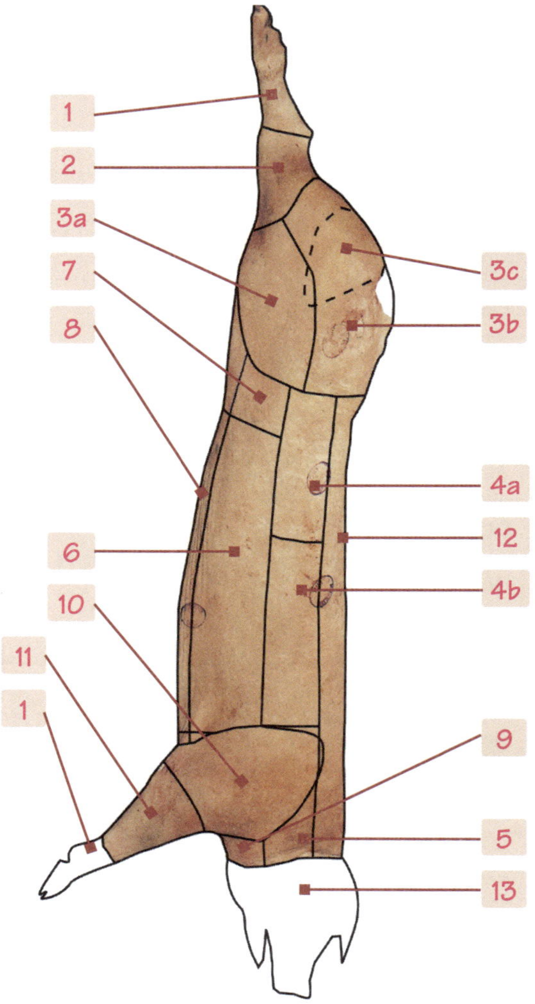

2 Bestimmen Sie anhand der unten stehenden Abbildung die Fleischteile des Rindervorderviertels nach dem DFV-Schnitt.

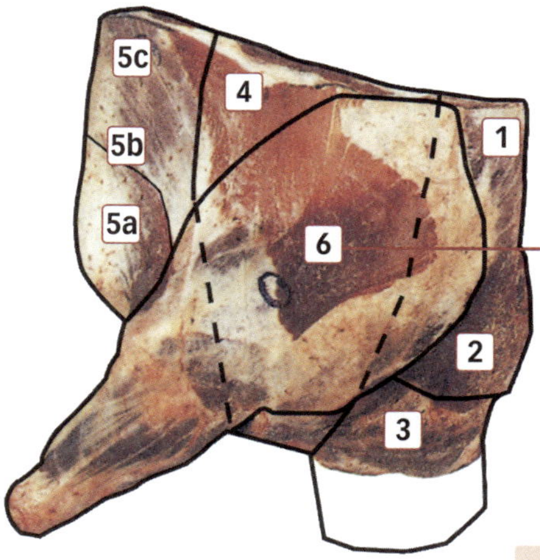

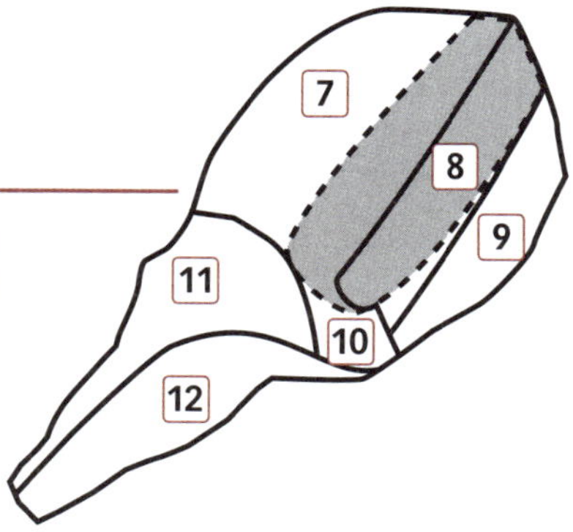

1	Hohe Rippe
2	Fehlrippe
3	Hals
4	Spannrippe
5a	Brustbein
5b	Mittelbrust
5c	Nachbrust
6	Bug
7	Dickes Bugstück
8	Schaufelstück
9	Falsches Filet
10	Ellenbogenstück
11	Hessenbraten
12	Vorderhesse
13	Schaufeldeckel

(gestrichelte graue Fläche) = 13

Überblick – Wurstwaren

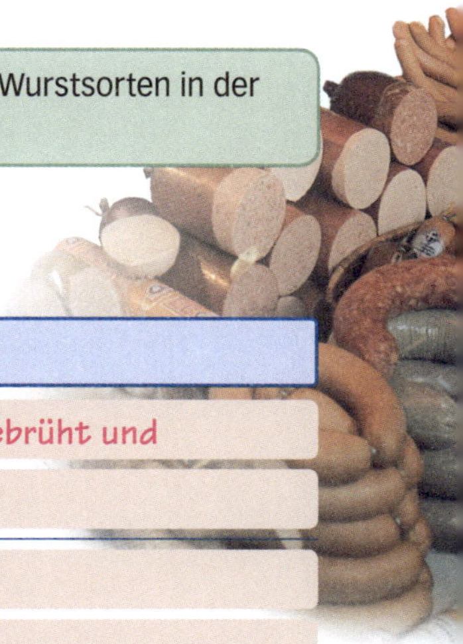

Eine Kundin steht vor der Wursttheke und Sie sprechen sie an. Sie zeigt auf verschiedene Wurstsorten in der Theke und bittet Sie, ihr die Wurstsorten zu benennen.

1 Wodurch unterscheiden sich die Kochwurst, Brühwurst und Rohwurst im Wesentlichen bei der Herstellung? Ergänzen Sie die Tabelle.

Hauptwurstgruppen	Besonderheiten der Herstellung
Brühwurst	■ unter Zusatz von Salz und Wasser zerkleinerte Masse, die gebrüht und teilweise vorher geräuchert wird
Rohwurst	■ angefrorenes, im Kutter zerkleinertes Fleisch ■ gereift, häufig umgerötet und geräuchert, nicht erhitzt
Kochwurst	■ überwiegend vorgegartes Fleisch ■ zerkleinert und nochmals erhitzt, evtl. danach geräuchert

2 Benennen Sie jeweils die abgebildeten Würste in den Kästchen. Das senkrechte Lösungswort ergibt eine Kochstreichwurst. Entscheiden Sie, ob es sich im einzelnen Fall um eine Kochwurst (K), Brühwurst (B) oder Rohwurst (R) handelt. Tragen Sie den jeweiligen Buchstaben in das Feld rechts daneben ein.

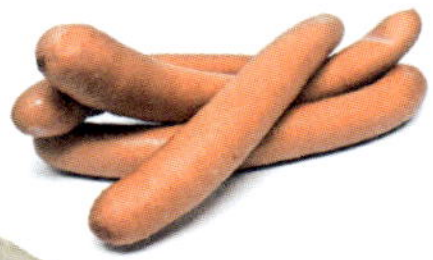

Lösungswort	Hauptgruppe
S A **L** A M I	R
M O R T A D **E** L L A	B
B L U T W U R S T	K
F L **E** I S C H W U R S T	B
W I E N E **R**	B
W E I S S W U R S T	B
J A G D W **U** R S T	B
B I E **R** S C H I N K E N	B
F L E I **S** C H K Ä S E	B
B R A **T** W U R S T	B

Name: Klasse: Datum:

1 Arbeitssicherheit

Nur ein gesunder Mitarbeiter ist ein vollwertiger Mitarbeiter und nur ein sicher arbeitender Mitarbeiter ist ein schneller Mitarbeiter!

1 39 % aller meldepflichtigen Unfälle in der Fleischerei werden durch Messer verursacht.
Der Fleischer hat nicht nur viele Möglichkeiten, durch richtiges Verhalten bei Messerarbeiten Unfälle zu vermeiden, sondern auch durch fachlich richtigen Einsatz von Schutzkleidung die Pflicht, Messerunfälle zu verhindern. Notieren Sie Regeln, die beim Einsatz von Messern zu beachten sind.

1. Bei Auslösearbeiten muss die Stechschutzschürze getragen werden.
2. Bei Auslösearbeiten muss ein Stechschutzhandschuh mit integriertem Unterarmschutz getragen werden.
3. Nur Messer mit einer Griffmulde und einem Fingerschutz benutzen.
4. Das Arbeiten mit scharfen Messern ist schneller und vor allem sicherer.
5. Messer nie unter das Fleisch legen.
6. Einen richtigen Aufbewahrungsplatz für die Messer auswählen, z.B. Messerhalter an der Wand.

2 Die Fleischerei-Berufsgenossenschaft schreibt vor, ab welchem Sicherheitsmaß Auslösemesser nicht mehr benutzt werden dürfen. Ergänzen Sie die Maße in der Zeichnung.

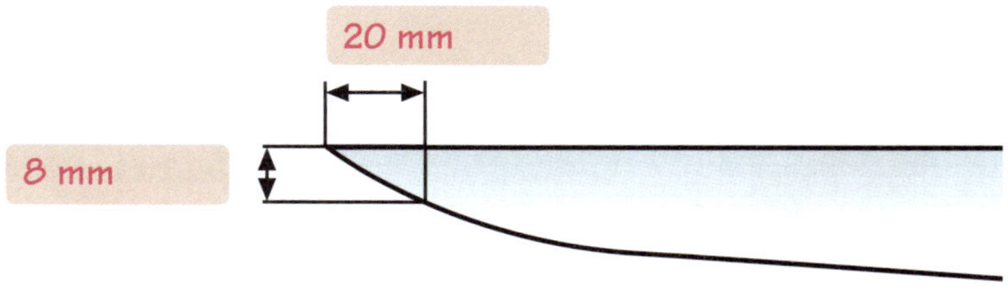

3 Recherchieren Sie im Fachbuch oder im Internet, wer die Beiträge zur Berufsgenossenschaft finanziert und wonach die Beiträge berechnet werden.

Die Beiträge zur Berufsgenossenschaft entrichten die Mitglieder, also die Arbeitgeber.
Die Höhe der Beiträge ist abhängig von der Betriebsgröße und vom Gefahrenpotenzial im Betrieb.

BGN Berufsgenossenschaft Nahrungsmittel und Gastgewerbe

4 Bei den Schneidwerkzeugen werden Messer und Hackmesser unterschieden. Auf den Abbildungen sind Messer mit verschiedenen Klingenformen zu erkennen. Tragen Sie die entsprechenden Bezeichnungen der Messer in die vorgesehenen Kästchen ein.

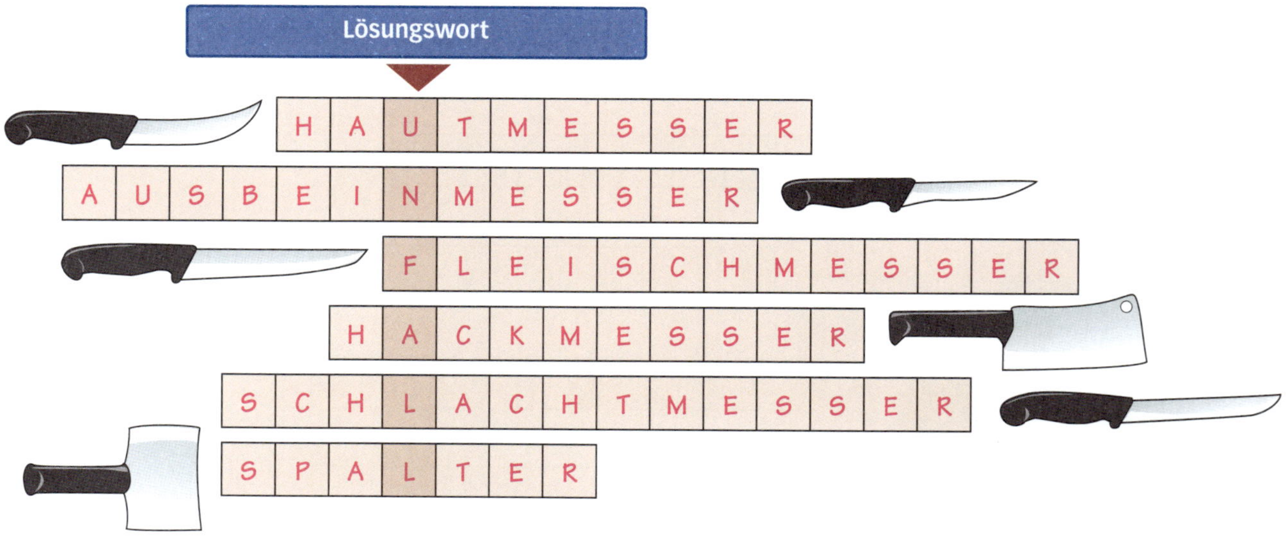

Erste Hilfe

Ein Mitarbeiter schneidet sich während des Auslösens eines Schaufelknochens im Verkaufsraum in den linken Daumenballen. Sie leisten sofort Erste Hilfe.

1 Was bedeutet „Erste Hilfe“ leisten und wer darf diese durchführen?

Erste Hilfe heißt, Maßnahmen zu treffen, die dazu dienen, den Zustand vom Unfall Betroffener zu stabilisieren. Ausgebildete Ersthelfer dürfen Erste Hilfe leisten. Sind keine ausgebildeten Kräfte verfügbar, ist jeder dazu verpflichtet.

2 Welche Grundregeln der Ersten Hilfe sind einzuhalten?

- Immer Ruhe bewahren.
- Den Verletzten möglichst nicht alleine lassen.
- Den Verletzten beruhigen.
- Bei schwerwiegenden bzw. unklaren Verletzungen grundsätzlich die Rettungsstelle verständigen.

3 Ordnen Sie den Arbeitsunfällen durch Verbindungspfeile jeweils die entsprechende Erste-Hilfe-Maßnahme zu.

Arbeitsunfälle

- Verbrühungen
- Großflächige Verbrennungen
- Schnitt- und Stichverletzungen
- Verätzungen
- Schwindelgefühl und Kreislaufschwäche
- Bewusstlosigkeit
- Verstauchungen und Knochenbrüche
- Schwellungen durch Stoß- und Quetschverletzungen

Erste-Hilfe-Maßnahmen

- Kleinere Verletzungen mit Heftpflaster behandeln, größere Verletzungen keimfrei abdecken, Druckverband anlegen und sofort zum Arzt.
- Betroffene Körperteile ruhigstellen, grundsätzlich ärztliche Hilfe anfordern.
- Kühlen, Wunde mit einem Brandtuch abdecken, Arzt aufsuchen.
- Den Verletzten in die stabile Seitenlage bringen.
- Kühlendes Material auf die Schwellung legen, z.B. Eiswürfel Gefrierakkus in ein dünnes Tuch wickeln, sonst leidet die Haut.
- Wunde mit Wasser ausspülen, Arzt aufsuchen.
- Mit lauwarmem Wasser kühlen, offene Wunden mit beschichteten Brandwundverbänden oder Folie abdecken.
- Hinsetzen oder Hinlegen, auf ausreichende Sauerstoffzufuhr achten.

4 Ein Mitarbeiter bricht bewusstlos zusammen. Was ist zu tun?

- Notruf an Rettungsstelle (Tel. 110 oder 112).
- Sind Atmung und Kreislauf ausreichend stabil ➔ stabile Seitenlage.
- Fehlen die Lebensfunktionen ➔ Reanimationsmaßnahmen durchführen.
- Danach ist eine ständige Überwachung bis zum Eintreffen des Notarztes erforderlich.

Name: Klasse: Datum:

Ergonomie und Gesundheitsschutz

Ein Kollege klagt seit Längerem über ständige Rückenschmerzen. Sein Arzt rät ihm zu einer rückenschonenden Haltung während der Arbeit und im Freizeitbereich. Sie erarbeiten einen Forderungskatalog zur ergonomischen Arbeitsplatzgestaltung.

1 Was ist „Ergonomie"?

Ergonomie ist die Anpassung der Arbeit an den Menschen, mit dem Ziel, den Körper durch die Arbeit nicht zu überanspruchen.

2 Streichen Sie jeweils die falsche Körperhaltung bei den folgenden Tätigkeiten durch.

Stehen | **Sitzen** | **Reinigen** | **Heben/Absetzen** | **Tragen**

3 Betrachten Sie das vorliegende Bild. In dieser Wurstküche sind 5 Forderungen an die Arbeitsplatzgestaltung hinsichtlich Ergonomie und Gesundheitsschutz berücksichtigt worden. Nennen Sie diese.

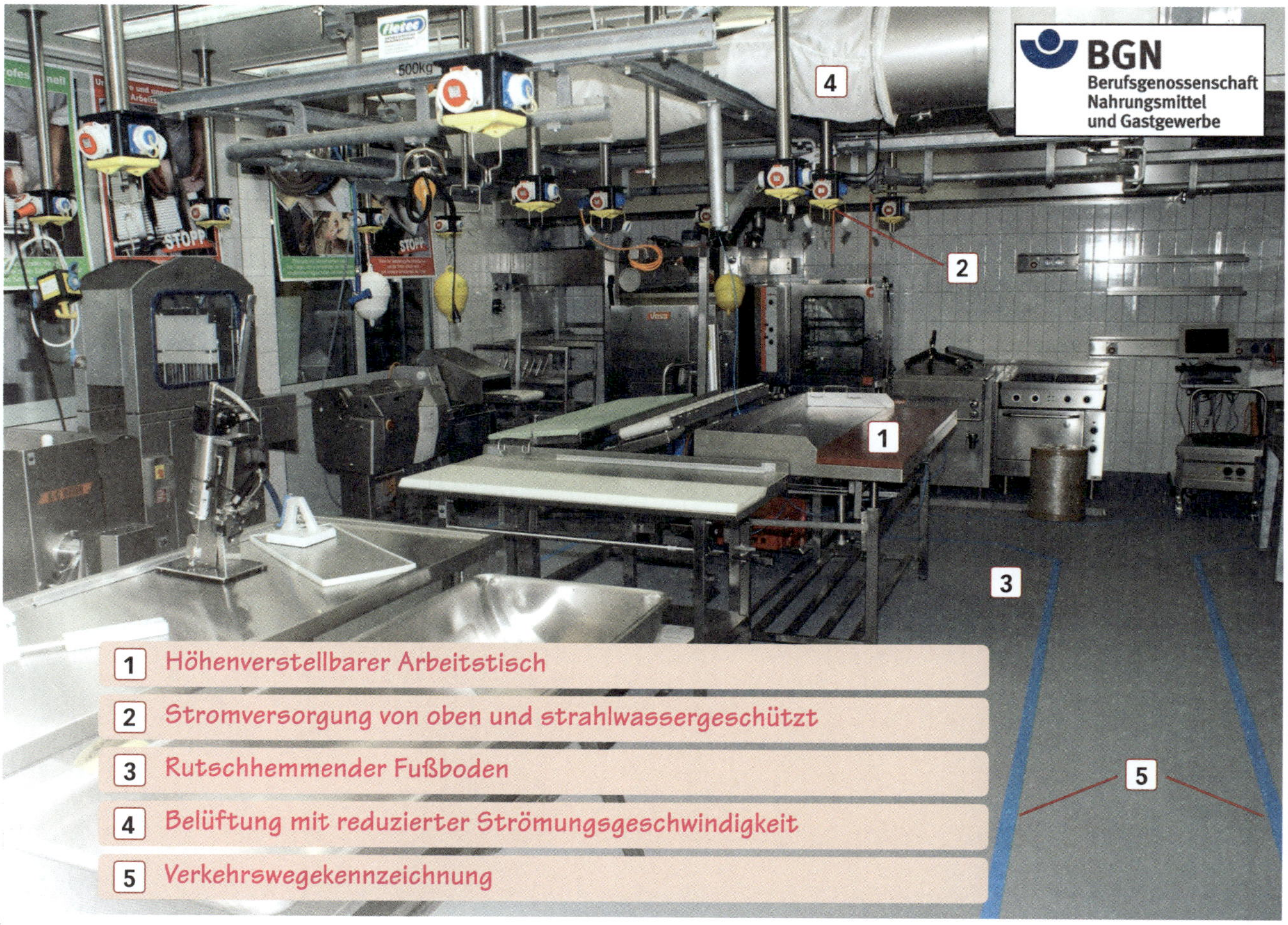

1 Höhenverstellbarer Arbeitstisch

2 Stromversorgung von oben und strahlwassergeschützt

3 Rutschhemmender Fußboden

4 Belüftung mit reduzierter Strömungsgeschwindigkeit

5 Verkehrswegekennzeichnung

Unfallverhütung

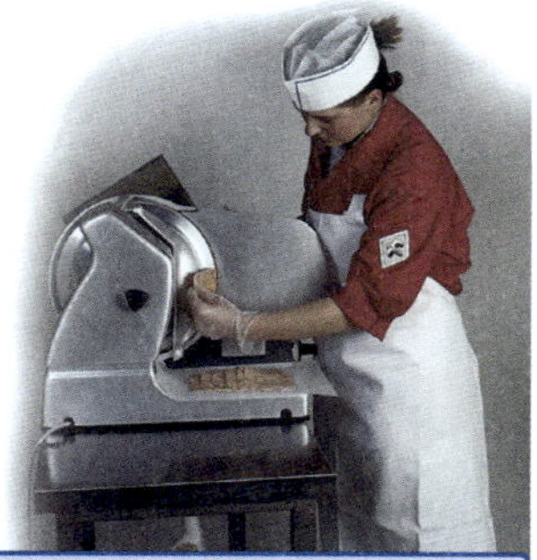

Eine neue Auszubildende fängt heute in Ihrem Betrieb an. Ihr Chef bittet Sie, die neue Kollegin auf die Unfallgefahren in der Fleischerei hinzuweisen.

Ordnen Sie den aufgeführten Unfallgefahren Beispiele für die Unfallvermeidung zu. Ergänzen Sie in der Tabelle unten drei weitere Unfallgefahren und beschreiben Sie deren Vermeidung. Lassen Sie sich bei der Auswahl von Ihrer betrieblichen oder persönlichen Situation leiten.

Unfallgefahren	Unfallvermeidung
Wolf/Automatenwolf - Verletzungen der Finger und der Hand durch Hineingreifen bis zur Schnecke - Fingerverletzungen durch Abstreifen bei laufender Maschine und bei gleichzeitiger Verwendung von Lochscheiben mit über 13 mm Durchmesser - Schnittverletzungen im Gesicht bzw. am gesamten Körper, wenn der Wolf bei laufender Maschine auseinandergebaut wird	Niemals bei laufender Maschine in den Einlauf greifen. Stopfer benutzen! Niemals bei laufender Maschine die Lochscheibe abstreifen. Zum Ausbau des Wolfes die Ausziehklaue oder den Ausschubhebel benutzen.
Kutter - schwere Schnittverletzungen an der Hand durch Hineingreifen bis zu den Messern bei laufender Maschine - schwere Schnittverletzungen an der Hand und dem Unterarm beim Öffnen des Kutterdeckels durch nachlaufende Kuttermesser - Schnittverletzungen beim Auskratzen des Kutterdeckels - Schädigungen des Gehörs	Niemals bei laufender Maschine hineinfallenden Gewürztüten, Schlesingern oder Ähnlichem nachgreifen. Not-Aus-Schalter drücken. Der Kutter muss so beschaffen sein, dass ein Öffnen der laufenden Maschine unmöglich ist. Messerwellenbremse muss aktiviert sein. Seitliche Arbeitsstellung zum Kutterdeckel hin einnehmen. Bei längeren Arbeiten Gehörschutz tragen.
Aufschnittmaschine Schnittverletzungen an den Fingern und der Hand durch Abrutschen oder Hineingreifen in das stillstehende oder laufende Messer	Die Arbeiten müssen konzentriert ausgeführt werden. Immer den Schneidguthalter benutzen. Beim Reinigen das Messer auf „null“ stellen und den Netzstecker ziehen.
Bandsäge schwere Finger- und Handverletzungen durch Abrutschen ins Sägeblatt	Konzentriertes Arbeiten! Für einen sicheren Stand sorgen. Andrückvorrichtung unbedingt benutzen.
Fußboden Rutsch- und Sturzgefahr, Prellungen, Verstauchungen, Bänderdehnungen, Knochenbrüche, Kopfverletzungen	Bodenbelag muss eine bestmögliche Rutschhemmung aufweisen. Verunreinigungen, die zur Rutschgefahr führen, sofort beseitigen. Beschädigungen am Fußboden müssen repariert werden. Keine unnötigen Geräte und Gegenstände im Gehbereich aufbewahren.
Weitere Beispiele	

Name: Klasse: Datum:

Sascha Meyer ist beim Auskratzen des Kutterdeckels abgerutscht und hat eine tiefe Schnittwunde zwischen Zeigefinger und Mittelfinger. Sie sollen die Unfallanzeige für Sascha Meyer ausfüllen. Gehen Sie bei nicht vorgegebenen, aber dennoch geforderten Angaben von Ihren eigenen Überlegungen aus.

UNFALLANZEIGE

1 Name und Anschrift des Unternehmens (Stempel)

2 Unternehmensnummer des Unfallversicherungsträgers

3 Empfänger

Berufsgenossenschaft Nahrungsmittel und Gastgewerbe
Postfach 31 01 20
55062 Mainz

BGN
Berufsgenossenschaft Nahrungsmittel und Gastgewerbe

4 Name, Vorname des Versicherten	**5** Geburtsdatum Tag / Monat / Jahr
6 Straße, Hausnummer / Postleitzahl	Ort
7 Geschlecht ☐ männlich ☐ weiblich / **8** Staatsangehörigkeit	**9** Leiharbeitnehmer ☐ ja ☐ nein
10 Auszubildender ☐ ja ☐ nein	**11** Ist der Versicherte ☐ Unternehmer ☐ mit dem Unternehmer verwandt ☐ Ehegatte des Unternehmers ☐ Gesellschafter/Geschäftsführer
12 Anspruch auf Entgeltfortzahlung besteht für ☐☐ Wochen	**13** Krankenkasse des Versicherten (Name, PLZ, Ort)
14 Tödlicher Unfall? ☐ ja ☐ nein / **15** Unfallzeitpunkt Tag / Monat / Jahr / Stunde / Minute	**16** Unfallort (genaue Orts- und Straßenangabe mit PLZ)

17 Ausführliche Schilderung des Unfallhergangs (Verlauf, Bezeichnung des Betriebsteils, ggf. Beteiligung von Maschinen, Anlagen, Gefahrstoffen)

Die Angaben beruhen auf der Schilderung ☐ des Versicherten ☐ anderer Personen

18 Verletzte Körperteile	**19** Art der Verletzung
20 Wer hat von dem Unfall zuerst Kenntnis genommen? (Name, Anschrift des Zeugen)	War diese Person Augenzeuge? ☐ ja ☐ nein
21 Name und Anschrift des erstbehandelnden Arztes/Krankenhauses	**22** Beginn und Ende der Arbeitszeit des Versicherten: Beginn Stunde / Minute; Ende Stunde / Minute
23 Zum Unfallzeitpunkt beschäftigt/tätig als	**24** Seit wann bei dieser Tätigkeit? Monat / Jahr

25 In welchem Teil des Unternehmens ist der Versicherte ständig tätig?

26 Hat der Versicherte die Arbeit eingestellt? ☐ nein ☐ sofort später, am Tag / Monat / Stunde

27 Hat der Versicherte die Arbeit wieder aufgenommen? ☐ nein ☐ ja, am Tag / Monat / Jahr

28 Datum — Unternehmer/Bevollmächtigter — Betriebsrat (Personalrat) — Telefon-Nr. für Rückfragen (Ansprechpartner)

Einrichtungsgegenstände des Verkaufsraums I

Sie sind am Tag der offenen Tür Ihrer Fleischerei dafür zuständig, den Kunden zu erklären, wie die Maschinen im Verkaufsraum aufgebaut sind und funktionieren. Dazu gehören u.a. Fleischwolf, Kasse, Aufschnittmaschine, Mürbeschneider und Waage.

1 Nennen Sie die Bestandteile einer arbeitsschutzgerechten Aufschnittmaschine. Beschriften Sie die Abbildung.

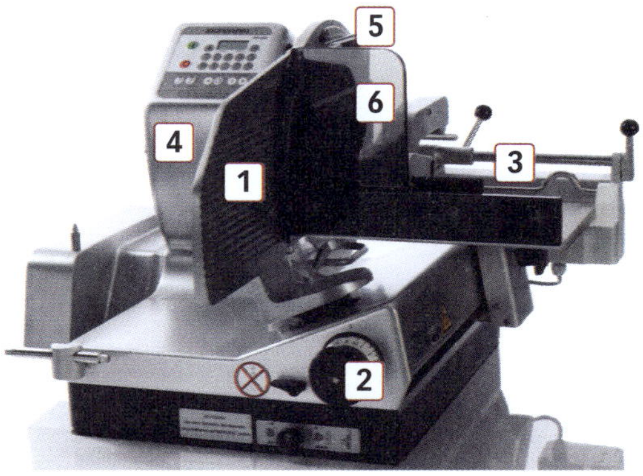

1 Anschlagplatte
2 Schnittstärkensteller
3 Schneidguthalter
4 Gehäuse
5 verdecktes Rundmesser
6 Schieberschutz

2 Beschreiben Sie die ordnungsgemäße Reinigung der Aufschnittmaschine unter Berücksichtigung der Unfallverhütungsvorschriften (UVV).

- Maschine ausschalten und Anschlagplatte auf null stellen.
- Bei der Messerreinigung ist ein schnitthemmender Handschuh zu tragen.
- Das Messer von innen nach außen reinigen.

3 Der Einsatz von CE-Kassenwagensystemen nimmt in den Verkaufsstellen einen immer höheren Stellenwert ein. Neben den allgemeinen Vorzügen moderner Waagen bieten derartige Systeme weitere Vorzüge für den Verbraucher. Nennen Sie einige Vorzüge:

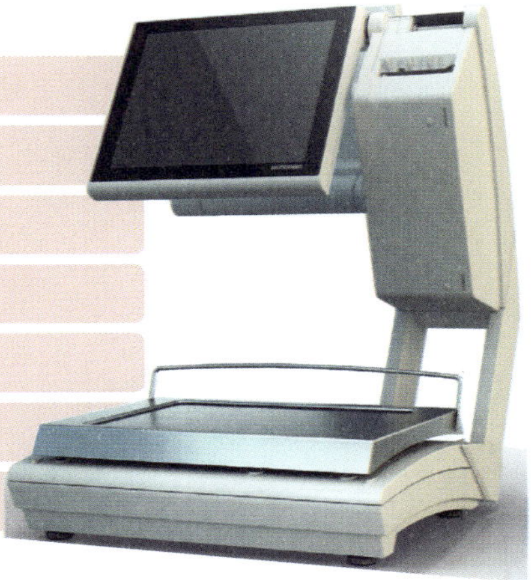

- Anzeigen des Namens des Verkaufspersonals.
- Darstellung aktueller Verkaufsangebote.
- Informationen über Nährwert, Zusatzstoffe, Allergene.
- Hinweise auf Herkunft des Verkaufsproduktes.
- Empfohlene Lagerung.
- Das Verkaufspersonal kann gezielter informieren und diese Informationen auch für den Kunden ausdrucken.

4 Was ist beim Aufstellen von Waagen und Kassen besonders zu beachten?

- Die Waagen und Kassen sind so aufzustellen, dass die Kunden den jeweiligen Vorgang mitverfolgen können.
- Die Sicht auf die Displays darf nicht durch Aufsteller oder Werbemittel behindert werden.

Name: Klasse: Datum:

Einrichtungsgegenstände des Verkaufsraums II

5 Aus welchen Bauteilen ist der Ladenwolf aufgebaut? Beschriften Sie die Abbildung.

1 Einfülltrichter
2 Einschalthebel
3 Schneckengehäuse
4 Schneidsatz (verdeckt)
5 Gehäuse (mit integriertem Motor)

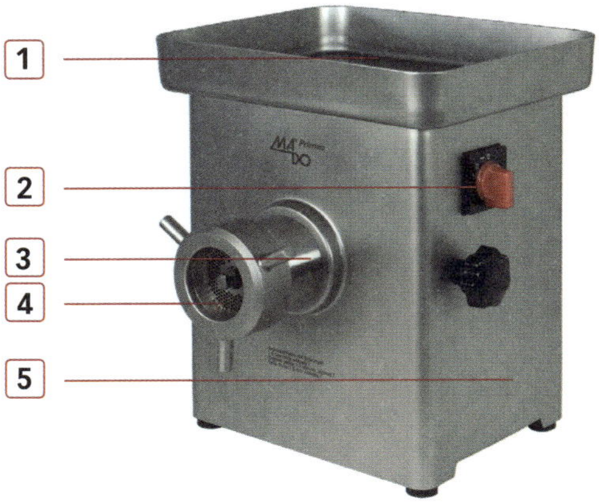

6 Nennen Sie die Bestandteile des Schneidsatzes vom Ladenwolf.

1 Vorschneider
2 Schneidemesser
3 Lochscheibe (8 mm)
4 Lochscheibe (3 mm)
5 Einlegering codiert
6 Verschlussring

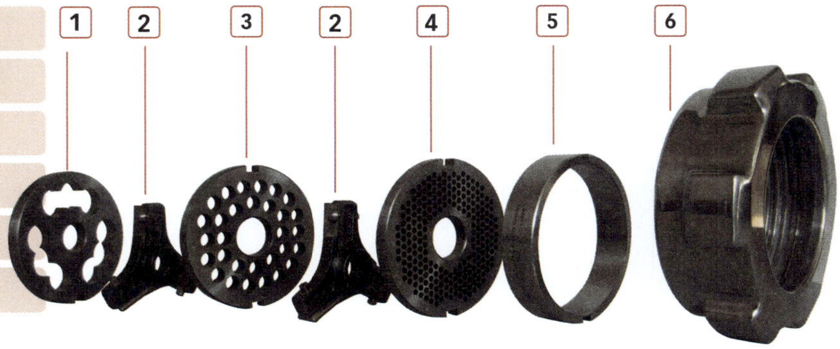

7 Was wird durch die Anwendung des Mürbeschneiders (Steakers) erreicht?

Durch zwei gegenläufige Messerwalzen werden die Muskel- und Bindegewebsfasern gleichmäßig und flächendeckend zerschnitten ➔ die Konsistenz des Fleischstückes wird aufgelockert, das Fleischstück bekommt einen zarten Eindruck.

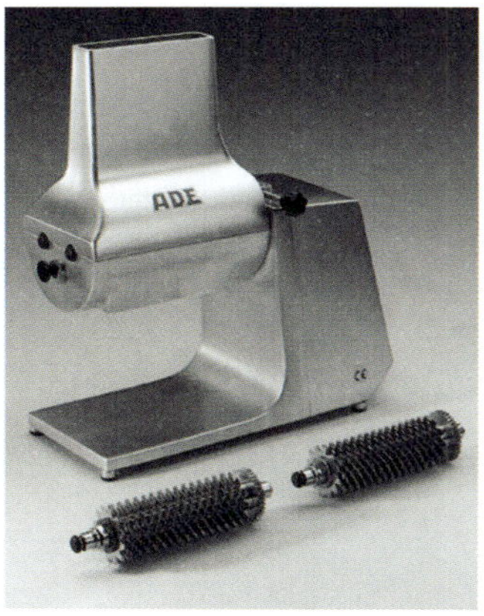

8 Welche Sicherheitsregeln müssen beim Umgang mit dem Mürbeschneider eingehalten werden?

- Fleisch nur bei eingeschalteter Maschine in den Einlaufschacht geben.
- Ein Nachdrücken des Fleisches ist nicht erforderlich (die Messerwalzen ziehen automatisch ein).
- Reinigungsarbeiten nur bei ausgeschalteter Maschine.
- Beim Ausbau der Messerwalzen sind schnitthemmende Handschuhe erforderlich, um Schnittverletzungen zu vermeiden.

Umwelt- und Gesundheitsschutz

Umweltschutz wird großgeschrieben in Ihrer Fleischerei. Mithilfe eines versierten Kältetechnikunternehmens entwickelte Ihr Chef ein ausgeklügeltes System für die Wärmerückgewinnung. Nicht nur, dass die Fleischerei jetzt erhebliche Kosteneinsparungen beim Energieverbrauch erreicht hat, sie konnte auch zusätzlich eine Auszeichnung für einen umweltschonenden Betrieb einheimsen.

1 Welche Ziele des Umwelt- und Gesundheitsschutzes konnten in der oben beschriebenen Situation umgesetzt werden?

Durch die Einsparung von Energie – hier in Form von Strom – wird die Umwelt geschont. Sei es durch Verringerung von Kohlendioxid bei der Stromgewinnung oder durch geringeren Verbrauch von Kernenergie bzw. Verringerung der Entsorgungsproblematik von Brennelementen. Durch den geringeren Ausstoß an Kohlendioxid wird Gesundheitsschutz praktiziert.

2 Lässt sich aus der Energieeinsparung ein zusätzlicher Gewinn durch Umsatzsteigerung in der Fleischerei erreichen?

Immer mehr Verbraucher achten auf umweltschonend produzierte Lebensmittel. Hier kann die Fleischerei durch Werbemaßnahmen und Hinweise auf umweltschonende Produktion dem Wunsch der Kunden entgegenkommen und gleichzeitig Umsatzsteigerungen erreichen.

3 Die Mitarbeiter Ihrer Fleischerei müssen auf unterschiedlichen Gebieten des Umwelt- und Gesundheitsschutzes im eigenen Betrieb kostensparend und wirtschaftlich arbeiten.
Welche Gebiete sind gemeint? Nennen Sie jeweils zwei Beispiele, um das oben beschriebene Ziel zu erreichen, und begründen Sie diese.

Gebiet	Beispiele	Begründung
■ Energieverbrauch 	■ Kühl- und Gefrierraumtüren nur kurz öffnen ■ Lampen dort ausschalten, wo Tageslicht ausreicht	■ niedriger Energieverbrauch ■ weniger Kosten für den Betrieb ■ geringere Umweltbelastung
■ Abwasser 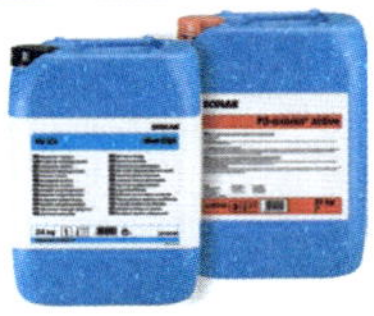	■ bei Reinigungsmitteln die empfohlene Dosierung des Herstellers beachten (Dosierungsgeräte benutzen) ■ Fettabscheider wöchentlich warten	■ spart Geld und die Umwelt wird nicht stärker als nötig belastet ■ Vorbeugung einer Geruchsbelästigung
■ Raumklima/Abluft 	■ für gute Be- und Entlüftung sorgen ■ bei Räucheranlagen Abgasreinigungseinrichtung einbauen	■ vermeidet hohe Luftfeuchtigkeit und Wärme, schränkt Wachstum von Mikroorganismen ein
■ Verpackung/Abfall 	■ so wenig Verpackung wie möglich ■ Pappschachteln anstelle von Styropor ■ mehr Naturdärme als Kunstdärme verwenden	■ geringere Umweltbelastung

Name: Klasse: Datum:

EDV und Interneteinsatz in der Fleischerei

An Ihrem Arbeitsplatz werden Sie mit dem neuen Computerprogramm speziell für die Fleischerei konfrontiert. Was das Programm leisten kann, erläutert Ihnen der Auszubildende aus dem dritten Lehrjahr. Außerdem sollen Sie in Zukunft die Bestellungen übers Internet annehmen.

1 Vervollständigen Sie die folgenden Sätze:

- Die Abkürzung „EDV" bedeutet „elektronische Datenverarbeitung".
- Der Computer als elektronisches Gerät sowie der Drucker, die angeschlossenen Waagen, der Scanner, die Tastatur und der Bildschirm stellen die Hardware dar.
- Die im Computer und z.B. auf CD-Rom, DVD, USB-Stick gespeicherten Programme stellen die Software dar.
- Der Schutz von Mitarbeiterdaten, Kundendaten und Geschäftsinterna vor unberechtigtem Zugriff, auch Datenschutz genannt, muss über Passwörter sichergestellt werden.

2 Welche vier Möglichkeiten der Kosteneinsparung mithilfe der EDV können Sie nennen?

- Personaleinsparung im Bereich der Verwaltung.
- Zeitersparnis aufgrund von gestrafften Betriebsabläufen.
- Schneller und direkter Informationsaustausch z.B. mit Filialen oder Kunden.
- Übersichtliche Lagerhaltung und Materialverwaltung.

3 Kreuzen Sie die fünf richtigen Aussagen zu den Aufgaben der EDV in Bezug auf die finanzielle Situation des Betriebes an.

- X Die EDV kann sämtliche Zahlungsverpflichtungen (Verbindlichkeiten) anzeigen.
- ☐ Die EDV bucht selbstständig offene Kundenrechnungen vom Konto des Kunden ab.
- X Die EDV kann den täglichen Umsatz ermitteln.
- X Es können mithilfe der EDV betriebswirtschaftliche Kennzahlen berechnet werden.
- ☐ Die EDV kann Verluste aufgrund falscher Lagerhaltung berechnen.
- ☐ Die EDV erkennt Eingabefehler der Verkäufer.
- X Mithilfe der EDV wird die Buchführung für das Finanzamt erstellt.
- X Die offenen Kundenrechnungen (Debitoren) werden durch die EDV angezeigt.

4 Beschreiben Sie, welche vielfältigen Möglichkeiten das Internet einer Fleischerei bietet.

Individuelle Schülerantwort

5 Wie sollte eine Homepage aufgebaut sein, damit sie bei einem Betrachter Interesse weckt?

Eine professionelle Homepage sollte klar strukturiert und mit aussagekräftigen Abbildungen gestaltet sein.

Rätsel – Datenverarbeitung

1	EDV
2	HARDWARE
3	SOFTWARE
4	KOSTENEINSPARUNG
5	LIEFERSCHEINERSTELLUNG
6	PERSONALVERWALTUNG
7	WORLDWIDEWEB
8	DEBITOREN
9	HOMEPAGE
10	KUNDENKARTEI
11	VERBINDLICHKEITEN
12	DE
13	INTERNET
14	LIQUIDITAET
15	BUCHHALTUNG
16	GEWINNMAXIMIERUNG
17	ONLINEBANKING

Lösungswort (markierte Spalte): DATENVERARBEITUNG

1 Abk. Elektronische Datenverarbeitung
2 Gegenteil von Software, z.B. Tastatur
3 auf PC oder Datenträger gespeicherte Programme
4 Ziel der EDV
5 Beispiel für den Einsatz der EDV
6 sie unterliegt dem Datenschutz
7 Bedeutung: www
8 Kunden, die der Fleischerei noch Geld schulden
9 Startseite des Internetauftritts
10 Sammlung kundenbezogener Stammdaten
11 Zahlungsverpflichtungen
12 Länderkürzel für Deutschland
13 Beispiel für Wide Area Network
14 Zahlungsfähigkeit
15 kaufmännische Abteilung eines Unternehmens, die die Buchführung erstellt
16 Erhöhung des Gewinns durch EDV-Einsatz
17 Bankgeschäfte übers Internet

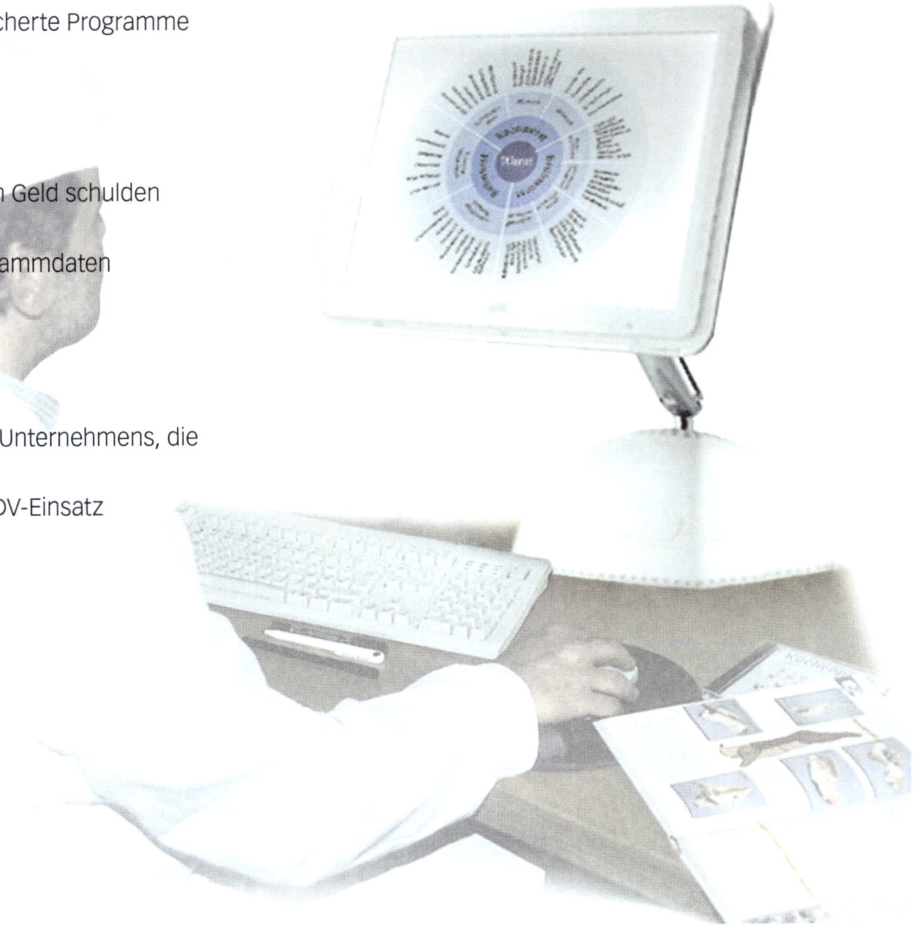

Name: Klasse: Datum:

Komplexe Aufgabe zur Prüfungsvorbereitung

Ihr Ausbildungsbetrieb hat zum wiederholten Male in Ihrem Bundesland den Landessieger bzw. die Landessiegerin gestellt. Ihr Chef sieht darin wieder eine neue Herausforderung und entwickelt auch innovative Ideen in der Ausbildung. In Ihrer Stadt soll ein neues Center gebaut werden. In der Azubi-Schulung trägt er seine Idee vor, dort eine kleine Filiale einzurichten und diese nur von Auszubildenden leiten zu lassen.
Alle Auszubildenden sind begeistert.

1 Ihr Chef fordert Sie und die anderen Azubis auf, in einem Brainstorming Metaplankarten mit wichtigen Stichpunkten zu beschriften, die bei der Eröffnung einer Azubi-Filiale beachtet werden müssen.

- Welche Fleischteile werden verkauft?
- Ersthelfer/Erste Hilfe
- Internet-Auftritt
- Personalschulung
- Umkleideräume
- Verpackungsmaterial
- Berufskleidung
- Umweltauflagen
- Unfallverhütungsmaßnahmen
- Einrichtung der Filiale
- Welches Wurstsortiment wird verkauft?
- Wareneingangs-kontrolle
- Woher kommt das „F"-Zeichen?
- Öffnungszeiten
- Dienstplanerstellung
- Warenanlieferung
- Grundriss des neuen Betriebes
- Anforderungen an das Personal
- Infektionsschutzgesetz
- Hygienemaßnahmen
- Hautschutz
- Personalbeschaffung
- Hygienekreisel
- Zusatzsortiment
- Reinigungsmittel

2 Bilden Sie aus den von Ihnen beschrifteten Metaplankarten fünf übergeordnete Themen und ordnen Sie diesen die Metaplankarten zu.

Individuelle Schülerantwort

3 Schreiben Sie auf ein Extrablatt zu jedem Oberbegriff einen erläuternden Text mit den Anforderungen, die bei einer Filial-Neueröffnung zu beachten sind.

Mikroorganismen und Verderb I

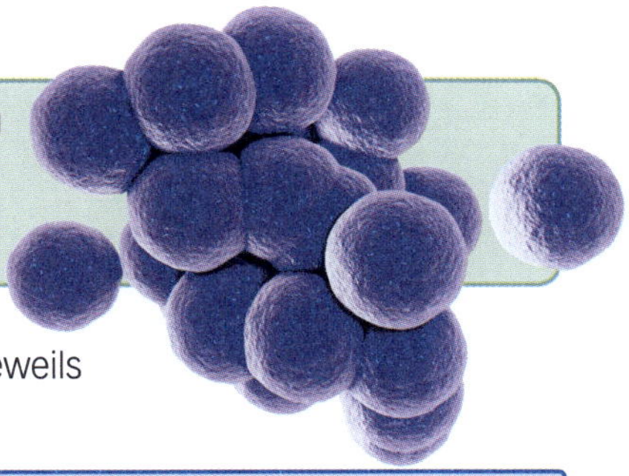

Sie haben für heute Feierabend und sind bereits auf dem Heimweg. Plötzlich fällt Ihnen ein, dass Sie vergessen haben, das Stück Fleisch vom Tisch in den Kühlraum zu legen. Sie wollen erst umkehren, gehen dann aber weiter und sind überzeugt, bis morgen wird schon nichts passieren.

1 Man unterscheidet nützliche und schädliche Mikroorganismen. Nennen Sie jeweils fünf Beispiele.

Nützliche Mikroorganismen	Schädliche Mikroorganismen
Edelschimmelpilze	Salmonellen
Backhefen	Staphylokokken
Bier- und Weinhefen	Clostridien
Milchsäurebakterien	EHEC-Bakterien
Essigsäurebakterien	Schimmelpilze

2 Teilweise ist es sehr schwierig, bei den Vorkommen und Mengen an Mikroorganismen die richtigen Größenvorstellungen zu haben.

2.1 Wenn sich auf 1 cm^3 frischem Fleisch ca. 500 000 Bakterien aufhalten, wie viele Bakterien befinden sich dann auf einem Fleischwürfel mit den Ausmaßen 10 x 10 x 10 cm?

1 cm^3 hat eine Oberfläche von 6 cm^2; der Fleischwürfel 10 x 10 x 10 cm hat eine Oberfläche von 600 cm^2,
dies entspricht einer Keimzahl von 500 000 x 100 = 50 000 000.

2.2 Dieses größere Fleischstück bleibt abends nach Geschäftsschluss gegen 19.00 Uhr in Folie eingewickelt versehentlich neben der Kühlmaschine im Maschinenraum liegen. Wie viele Keime besitzt das Fleischstück (theoretisch) am nächsten Morgen, wenn es gegen 6.00 Uhr gefunden wird und sich die Keime alle 20 Minuten verdoppeln? Der Maschinenraum hat eine Temperatur um 37 °C.

Die Lagerzeit im Maschinenraum beträgt 11 Stunden. Alle 20 Minuten verdoppeln sich die Keime, also 33-mal.

$50\,000\,000^{33}$ = 426 665 574 400 000 000

= 426...... Billiarden

3 Ordnen Sie den verschiedenen Verderbnisbeispielen eine der folgenden Verderbnisarten zu: physikalischer Verderb, enzymatischer Verderb, chemischer Verderb, mikrobiologischer Verderb, Verderb durch tierische Schädlinge.

A Bei einem geräucherten Rohschinken findet sich beim Anschneiden ein Madennest.

Verderb durch tierische Schädlinge

B Eine Mettwurst zeigt im Anschnitt starke Hohlraumbildung.

physikalischer Verderb

C Abgepacktes Flomenschmalz hat seine weiße Farbe verloren und sieht gelblich aus. Außerdem riecht es unangenehm.

chemischer Verderb

D Eine vakuumverpackte Oberschale riecht nach dem Entfernen der Verpackung streng und unangenehm. Der Geruch hält auch nach einer Viertelstunde noch an.

enzymatischer Verderb

E Im Lagerraum für Handelswaren steht eine Dose mit gewölbtem Deckel, der auch nach dem Herunterdrücken wieder nach oben springt.

mikrobiologischer Verderb

Name: Klasse: Datum:

Mikroorganismen und Verderb II

4 Von welchen wichtigen äußeren Bedingungen hängt die Vermehrung der Mikroorganismen ab? Nennen Sie konkrete Beispiele, die die Vermehrung begünstigen.

Bedingungen	Beispiele
Wasser	Fleischsaft
Nährstoffe	Eiweiß, Kohlenhydrate
pH-Wert	pH-Wert zwischen 4,2 und 7
Sauerstoff	Luft
Temperatur	Wärme, Raumtemperatur

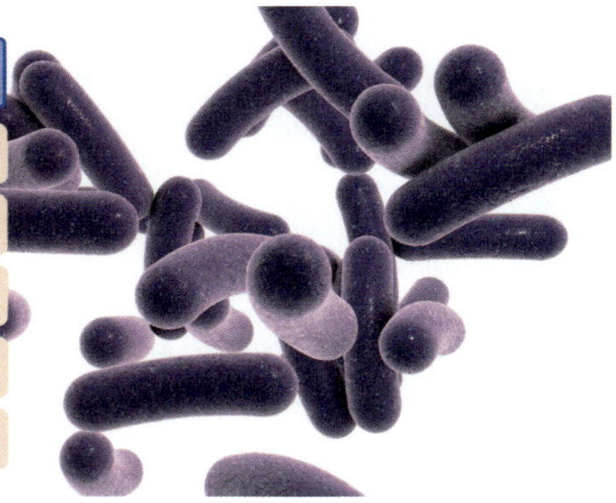

5 Welche Möglichkeiten gibt es, über die Lebensbedingungen der Mikroorganismen den Verderb von Fleisch und Fleischerzeugnissen zu verzögern bzw. zu verhindern?

Milieu

Je niedriger der pH-Wert, umso ungünstiger der Lebensraum.
➔ Bildung von Milchsäure

Wärme

Je niedriger die Temperatur, umso langsamer die Vermehrungsgeschwindigkeit.
➔ siehe Gefrieren

Sauerstoff

Durch Vakuumieren werden die Aerobier gehemmt.
➔ siehe Vakuumverpackung

Wasser

Je geringer der a_w-Wert, umso ungünstiger die Lebensbedingungen.
➔ siehe Salzen

6 Bakterien sind in der Lage, unter bestimmten Umständen Sporen zu bilden. Was sind Sporen und wann kommt es zur Sporenbildung?

Sporen: Dauerformen von Bakterien, die sehr resistent gegenüber chemischen und physikalischen Einflüssen sind.

Sporenbildung:

Ursachen	Beispiele
- ungünstige Sauerstoffverhältnisse	- Konserven
- Nahrungsmangel	- Fehlen von Eiweiß
- niedriger a_w-Wert	- Trockenheit Bakterien ➔ Sporen
- ungünstige Temperaturen	- Kühlung
- ungünstiger pH-Wert	- pH-Wert > 7

Fleisch – Lebensmittel und Rohstoff

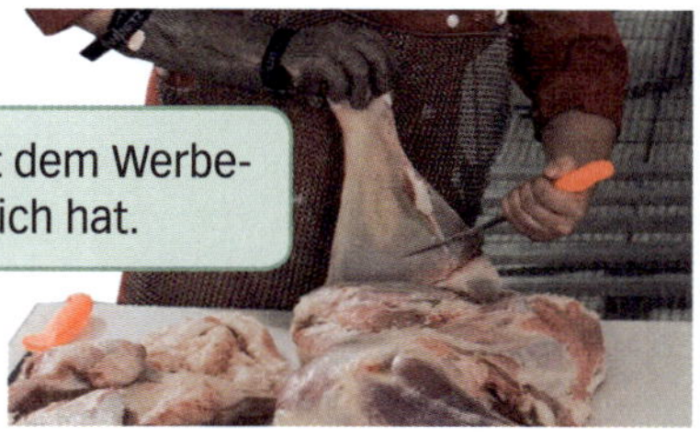

Charlotte ist Fleischerazubi im 1. Lehrjahr und fragt ihren Meister, was es mit dem Werbespruch „Fleisch – ein Stück Lebenskraft", den sie in einer Zeitschrift las, auf sich hat.

1 Welche Argumente sprechen für den Verzehr von qualitativ hochwertigem Fleisch?

Fleisch liefert:

- Energie, vor allem das Fleischfett
- lebensnotwendige Aminosäuren (Eiweiße)
- wichtige Nahrungsergänzungsstoffe, z.B. Eisen

2 Mageres Fleisch gilt als ein besonders wertvolles Nahrungsmittel. Begründen Sie diese Aussage.

- Es enthält wertvolle Eiweißstoffe mit vielen essenziellen Aminosäuren.
- Es besitzt eine biologische Wertigkeit mit hohem Ausnutzungsgrad.
- Die enthaltenen Extraktivstoffe regen die Verdauung an und verleihen Geschmack.
- Es besitzt einen hohen Sättigungswert durch die ausgewogene Kombination der Nahrungsmittelbestandteile.

3 Stellen Sie die Bestandteile von magerem Fleisch in einem Kreisdiagramm dar.
Geben Sie die Werte zu Wasser, Eiweiß, Fett und Vitaminen/Mineralstoffen in % an.

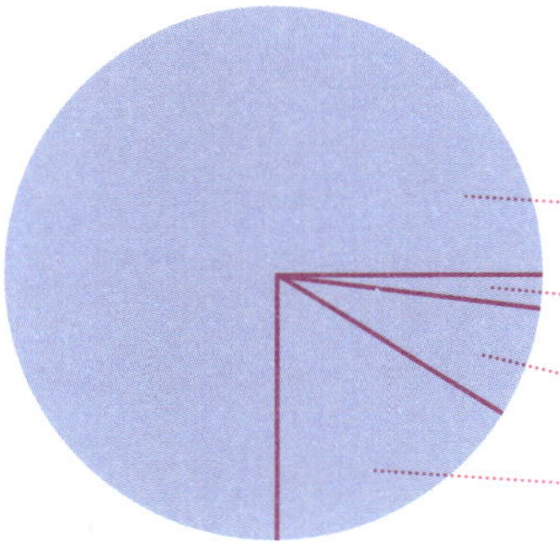

- Wasser 75 %
- Vitamine/Mineralstoffe 1 %
- Fett 3 %
- Eiweiß 21 %

4 Welche Faktoren können die Qualität von Fleisch nachhaltig beeinflussen?

- Fleischfehler	➜ PSE/DFD-Fleisch
- Qualitätsbestimmende Faktoren	➜ Fleischproduzent, Fleischer
- Merkmale für Fleischqualität	➜ Farbe, Fleisch-Fett-Verhältnis, Zartheit
- Verderb	➜ Säuerung, Ranzigkeit, Fäulnis
- Fleischreifung	➜ normaler oder anormaler Verlauf

5 Das Fett der Schlachttiere wird vom Verbraucher überwiegend abgelehnt. Es hat in der Ernährung wie auch in der Produktion jedoch wichtige Funktionen zu erfüllen. Nennen Sie diese.

Menschliche Ernährung	Produktion
- Energielieferant	- Herstellung von Schmalz
- Schutzfunktion	- Streichfähigkeit der Leberwurst
- Energiespeicherung	- Saftigkeit der Brühwurst
- Aufnahme fettlöslicher Stoffe, z.B. Vitamine	- Möglichkeit der Herstellung von Rohwurst
- Geschmacksträger	

Innereien

Ein Kunde möchte seine Ernährung etwas „umstellen", ohne auf tierische Erzeugnisse zu verzichten. Schweinefleisch sei ihm aber zu fett und Rindfleisch zu teuer. Welche Alternativen können Sie dem Kunden anbieten?

Rinderniere Kalbsniere Schweineniere

1 Welche Vorzüge besitzen Innereien?

- eiweißreich
- aromatisch
- leicht verdaulich
- enthalten viele Vitamine, Mineralstoffe, Spurenelemente
- preiswert

2 Vervollständigen Sie die Tabelle zu den Innereien. Um welche Art der Innerei handelt es sich auf den einzelnen Abbildungen? Welche Verwendung finden sie jeweils in der Küche (K) und in der Produktion (P)?

Abbildung	Art	Verwendung (Küche/Produktion)
	Leber	K: Leber gebraten, Leberknödel, Leberklößchen P: Leberwurst, Leberpastete, Leberkäse, Schaschlik
	Niere	K: Nierenragout, Nierenhaschee, Nieren süßsauer Empfehlung: Schweineniere P: Schaschlik, Nierenbraten
	Herz	K: Herzgulasch, Herzragout, geschmortes Herz Empfehlung: Schweineherz P: Herzpastete, Mortadella, Leber- und Blutwürste
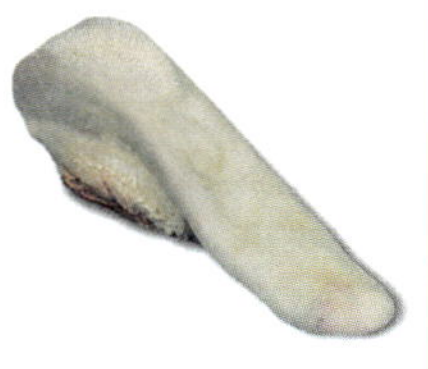	Zunge	K: Zunge gegart, Zungenragout, Zunge in Aspik, Pökelzunge, Kalbszunge für Ragout fin P: Zungenwurst, Zungenpastete, Brühwurst
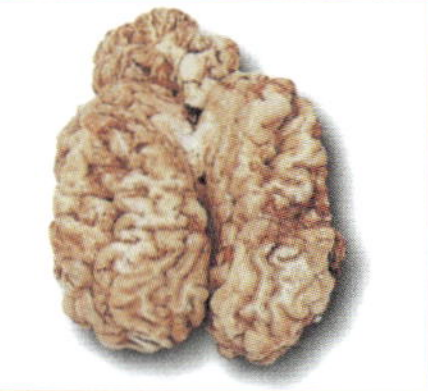	Hirn	K: gebratenes oder gebackenes Hirn P: nach den Leitsätzen nicht zugelassen

Beurteilung von Schlachtfleisch (Schwein)

Bis auf das Komma genau wird die Fleischfülle bei Schweinehälften festgestellt, um zu einer objektiven Beurteilung zu gelangen. Reicht dazu die Messung der Fleischfülle aus?

1 In 36 Jahren haben sich die Anteile der geschlachteten Schweine in den unterschiedlichen Handelsklassen stark verändert.

1.1 Um wie viel Prozent haben die Anteile in der Handelsklasse E und den Handelskassen S und E zwischen 1984 und 2020 zugenommen?

1 155,3 %

1.2 Auf wie viel Prozent sind die Anteile der Handelklassen R-P im Vergleich zu den alten Handelsklassen II, III und IV zurückgegangen?

3 815,4 %

Entwicklung der Handelsklassenanteile bei Schweinen in Deutschland

Handelsklasse „alt“	1984	Handelsklasse „neu“	2020
		S	39,9 %
E – extra	7,6 %	E	47,9 %
I – vollfleischig	42,8 %	U	10,9 %
II – fleischig	43,7 %	R-P	1,3 %
III – weniger fleischig	4,9 %	(O)	
IV – entspricht nicht E bis III	1,0 %	(P)	

2 Bei dem Messverfahren zum Muskelfleischanteil bei Schweinehälften werden zwei Verfahren unterschieden. Das eine Verfahren wird mithilfe eines automatisch rechnenden Messgerätes durchgeführt. Wie heißt das Messgerät?

Fat-O-Meat'er (FOM-Gerät)

3 Zeichnen Sie in den beiden folgenden Abbildungen die jeweiligen Messlinien ein.

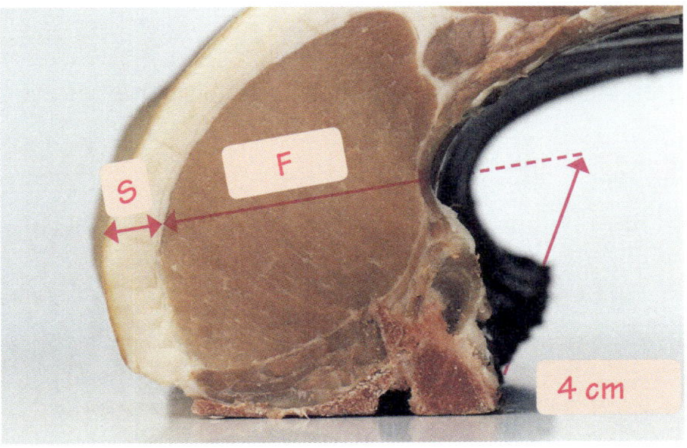

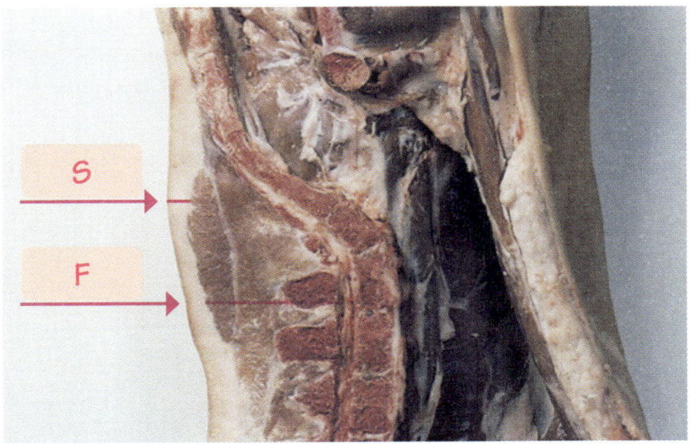

4 Welche Faktoren bleiben bei der Handelsklasseneinteilung bei Schweinen nach der Muskelfülle unberücksichtigt?

Rasse, Art der Züchtung, Art der Haltung, Fütterung, Tatsache, ob es sich um BIO-Fleisch handelt oder nicht

5 Was bedeuten die Handelsklassenkennzeichnungen L U 2 und S O 3?

L = Lammfleisch
U = sehr gute Fleischigkeit
2 = geringe Fettabdeckung

S = Schaffleisch
O = mittlere Fleischigkeit
3 = mittlere Fettabdeckung

Name: Klasse: Datum:

Biofleisch

Eine Kundin fragt Sie, was es nun genau mit dem „Biofleisch" auf sich hat. Sie hätte schon verschiedene Aussagen gehört, möchte aber jetzt aus kompetenter Sicht Genaueres in Erfahrung bringen.
Überzeugen Sie diese Kundin von den Vorzügen des Biofleisches.

1 Nennen Sie Gründe, warum immer mehr Verbraucher nach Biofleisch fragen und dieses kaufen.

- Sie wollen sich gesünder ernähren und weniger, aber dafür „sauberes" Fleisch essen.
- Sie sind durch die Fleischskandale verunsichert und trauen den großen Mastbetrieben nicht mehr.

2 Was unterscheidet Biofleisch von Fleisch industrieller Mast?

- artgerechte Tierhaltung mit genug Auslauf (Schwein)
- Fütterung mit ökologisch produziertem Futter
- keine Antibiotika oder Wachstumshormone
- keine Verfütterung von Tiermehlen
- kurze Schlachtwege ➔ weniger Stress
- viele Omega-3-Fettsäuren im Fleisch
- mehr Gehalt an nicht energieliefernden Nährstoffen, wie Eisen, B-Vitamine, Zink
- geringere Volumenverluste bei Garprozessen

3 Mehr als 120 Biomarken und -siegel sind derzeit im Handel vertreten und gelistet.
Recherchieren Sie im Internet, nach welchen Kriterien die fünf folgenden Biosiegel jeweils vergeben werden.

Bio nach EG-Öko-Verordnung; DE-ÖKO-000 EU-Landwirtschaft	garantiert Erzeugung und Verarbeitung nach EU-Rechtsvorschriften für den Ökologischen Landbau ➔ Einhaltung ökologischer Landwirtschaft ist zwingend. Garantiert Mindeststandards für ökologische/biologische Produkte.
Bioland	- garantiert aus organisch-biologischem Anbau - keine Verwendung von Kunstdünger oder Pestiziden - Biosaatgut vorgeschrieben - naturheilkundliche Behandlung von kranken Tieren
demeter	- biologisch-dynamische Wirtschaftsweise - Verzicht auf synthetischen Dünger und chemische Pflanzenschutzmittel - keine künstlichen Zusatzstoffe in der Weiterverarbeitung
Naturland	Produkte werden in ganzheitlich wirtschaftenden Betrieben nach strengen biologischen Standards erzeugt
Gäa e.V. Ökologischer Landbau	- ökologische landwirtschaftliche Produktion, überwiegend aus Ostdeutschland - berücksichtigt sowohl biologisch-dynamische als auch organisch-biologische Aspekte der ökologischen Landbewirtschaftung - NPS ist in der Fleischverarbeitung untersagt

Der Fleischeinkäufer eines großen Fleischwarenproduzenten steht unter massivem Druck des Handels, die Großhandelsverkaufspreise zu senken. Zusammen mit dem Produktionsleiter überlegt er, ob es gewinnbringender ist statt E- und U-Schweinehälften, Sauenhälften zu verarbeiten.
Der Einkäufer überlegt, wie er an Vergleichspreise gelangen kann und in welcher Region ausreichend Sauen geschlachtet werden.

1 Schweineschlachtkörperpreise frei Schlachtstätte 1. FIGDV

Preisgebiet	Nieders./ Bremen 1) 2)	NRW	Schl.-Holstein	Rhld.-Pfalz	Hessen
Datum	9.6.-15.6.	9.6.-15.6.	9.6.-15.6.	9.6.-15.6.	9.6.-15.6.
S	172-177	170-179		175-183	172-181
Ø	174	176	172	176	176
Stück	99598	173372	1467	5846	945
MFA*	61,7	62,5	61,5	61,7	62,0
E	168-174	166-174		169-174	171-180
Ø	171	169	170	174	175
Stück	167363	108104	2370	9304	955
MFA*	57,7	58,0	57,8	57,7	57,9
U	156-163	148-164		135-163	160-196
Ø	160	153	162	162	168
Stück	36908	20161	484	22927	185
MFA*	53,4	53,3	53,4	53,0	53,4
S-P	171	172		172	175
Stück	306473	303460		18549	2101
M		135-139			130-135
Ø	135	138			132
Stück	4820	8493			11

Notierungen in EUR je 100 kg SG (vorläufig). * MFA: Mit dem Schlachtkörper gewogener Muskelfleischanteil in Prozent.
1) Für Hkl. E: Der Umrechnungsfaktor für den Lebendhandel beträgt gemäß der Vereinbarung mit dem Fleischerverband Niedersachsen-Bremen 0,79 bei einer Nüchterungsdauer von zwölf Stunden.
2) Hkl. S, E und U mit einem Zweihälftengewicht von 80,0 bis 110,0 kg

2 Vergleichen Sie den durchschnittlichen Muskelfleischanteil (MFA) in der Handelsklasse S im angegebenen Marktbericht mit den Vorgaben der Handelsklassen-Verordnung.

Der MFA bei S-Schweinen liegt nach der Handelsklassen-Verordnung bei 60 % und mehr. Im Marktbericht liegt der Durchschnitt zwischen 61,5 bis 62,5 % MFA. Dies zeigt eine starke Muskelfülle der Schlachtkörper über alle Berichtsgebiete.

3 Im Marktbericht sind zunächst die in den Handelsklassen S, E und U vermarkteten Schweinehälften in ihrer Stückzahl angegeben.
Des Weiteren werden dann die Stückzahlen aller Handelsklassen (S–P) ausgewiesen.
a) Berechnen Sie für die jeweiligen Berichtsgebiete die Stückzahlen der Handelsklassen R, O und P.
b) Berechnen Sie für die jeweiligen Berichtsgebiete den prozentualen Anteil der Handelsklassen R bis P gegenüber den Handelsklassen S und U.

	Nieders./Bremen	NRW	Schl.-Holstein	Rhld.-Pfalz	Hessen
a)	2605	1823	74	472	16
b)	0,85%	0,60%	1,68%	2,54%	0,76%

Name: Klasse: Datum:

Wareneingangskontrolle

Sie beobachten des Öfteren, dass der Meister oder ein beauftragter Fleischer jede Anlieferung von Waren, gleich welcher Art, genauestens überprüft. Bei festgestellten Mängeln erfolgt sofort eine mündliche Beanstandung, die zum späteren Zeitpunkt schriftlich formuliert an den Lieferanten geschickt wird.

1 Nennen Sie mindestens vier Aspekte, die eine gründliche Wareneingangskontrolle notwendig machen.

- rechtliche Notwendigkeiten ➧ siehe § 337 HGB
- Durchsetzung der EG-Verordnungen, z.B. 178/2002 und 852/2004
- Qualitätskontrolle im Sinne der Abnahmeprüfung
- Vermeidung von Störungen im Produktionsprozess
- Sicherung von Ansprüchen gegenüber Dritten
- Instrument der Eigenkontrolle im Rahmen des HACCP-Konzepts

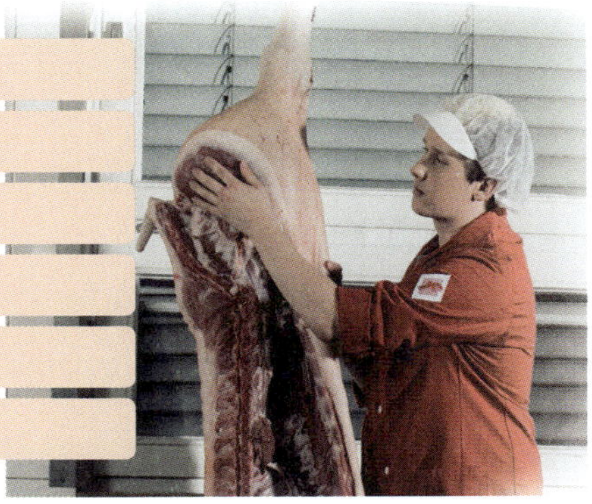

2 Sie sind für die Wareneingangskontrolle zuständig.
Was würden Sie jeweils in den auf den Bildern dargestellten Situationen kontrollieren?

- Sind Fahrzeug und Laderaum sauber?
- Trägt der Fahrer ordentliche Kleidung (z.B. weißer Arbeitskittel)?

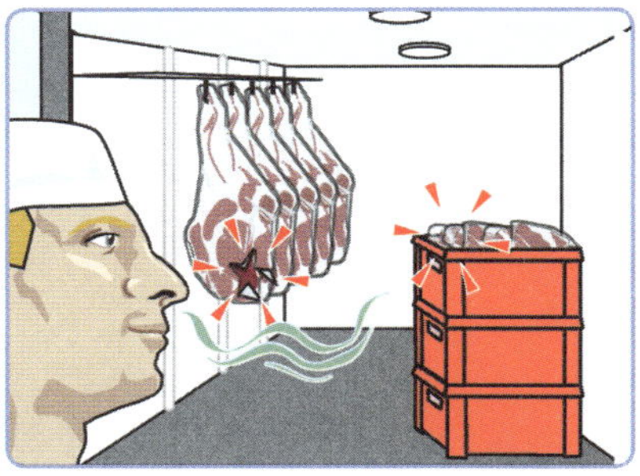

- Ist die Verpackung beschädigt?
- Ist die Vakuumverpackung defekt?
- Ist die Ware optisch einwandfrei?
- Ist der Geruch normal und arttypisch?

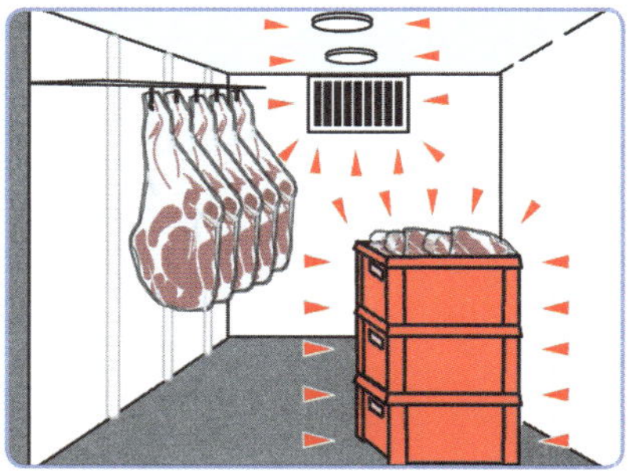

- Kontrolle der Kälteanlage
- Kontrolle der Beschaffenheit der Transportkästen

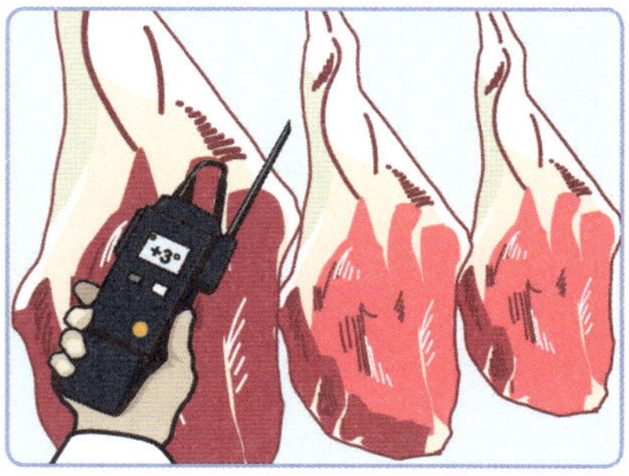

- Kontrolle der Kerntemperatur
  - Frischfleisch, max +7 °C
  - Innereien und Blut, max. 3 °C
  - Gefrierfleisch, min. – 18 °C
- Werden Temperaturen außerhalb der Toleranzen über- bzw. unterschritten, ist die Ware zurückzuweisen.

Zerlegen des Schweines I

Sie arbeiten in einer Filiale, deren Standort an einem beliebten Campingplatz liegt. Häufig kommen auch ausländische Gäste zu Ihnen und möchten beraten werden. Empfehlen und erklären Sie ihnen die Fleischteile des Schweines.

1 Nennen Sie die Merkmale von qualitativ hochwertigem Schweinefleisch.

- hellrosa bis hellrot
- weich und feinfaserig
- mit weißem Fett durchsetzt
- relativ weiches Bindegewebe

2 Zeichnen Sie die Zerlegelinien in die abgebildete Schweinehälfte ein. Bezeichnen Sie die entstandenen Fleischteile nach der DLG-Richtlinie und nennen Sie die dazugehörige internationale englische Bezeichnung.

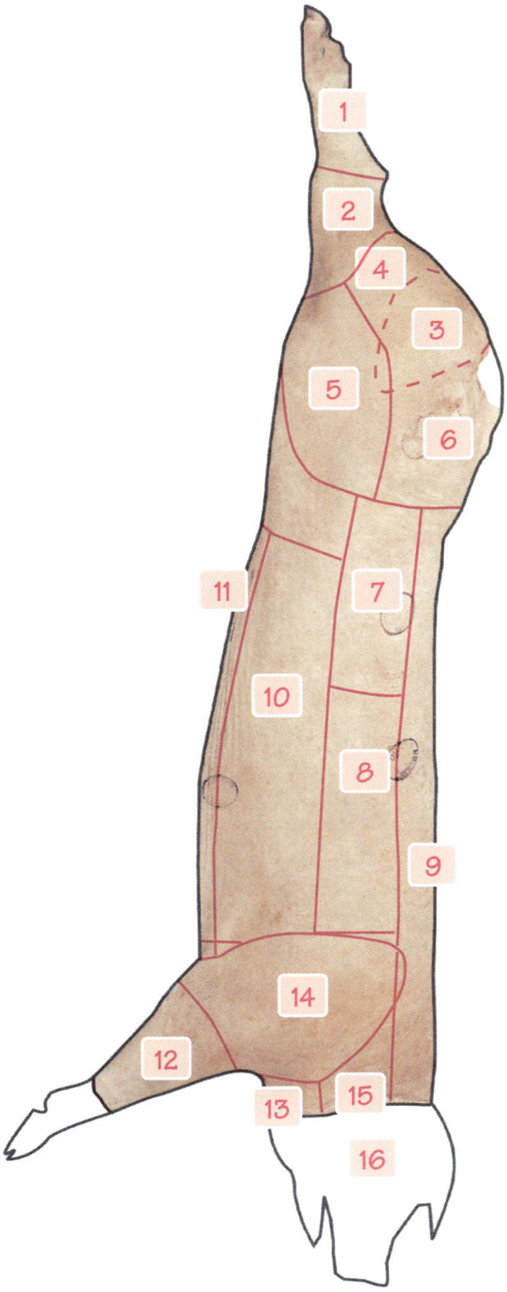

Fleischteil		Internationale Bezeichnung
1	Spitzbein/Pfote	trotters
2	Hintereisbein	hind hock
3	Oberschale	topside
4	Unterschale	silverside
5	Nuss	thick flank muscle
6	Hüftstück	rumb
7	Filetkotelett	rib chop with fillet
8	Rippenkotelett	loin chop bone in
9	Rückenspeck	backfat
10	Bauch	belly
11	Wamme	dewlep
12	Vordereisbein	fore hock
13	Dicke Rippe	shoulder riplet
14	Bug	blade
15	Kamm	neck
16	Kopf	head

Name: Klasse: Datum:

Zerlegen des Schweines II

3 Benennen Sie die wichtigsten Fleischteilstücke des Schweins und geben Sie deren mögliche Verwendung in der Küche an.

	Unterschale	Oberschale	Hüftstück
	Rouladen	Rouladen	Schmorbraten
	Schnitzel	Schnitzel	Braten
	Gulasch	Gulasch	Schweinesteaks

	Filet	Rippenkotelett	Bauch
	Schweinefiletmedaillon	Kurzbratstück	Kochfleisch
	gefülltes Filet	Minutensteaks	Falsches Kotelett
	Braten im Ganzen	gefüllter Braten	gefüllter Bauch

4 Was verstehen Sie unter folgenden Begriffen?

Dicke Rippe: küchenfertig hergerichtete Brustspitze

Flomen: Bauchwandfettgewebe vom Schwein, welches die Nieren umhüllt

Falsches Kotelett: panierte Scheibe vom Bauch zum Kurzbraten

Kaiserfleisch: knochen- und fettfreier Kotelettstrang, gepökelt, geräuchert, gegart

Karree: andere Bezeichnung für Kotelett (norddeutsch: Karbonade)

5 Als durchschnittlicher innerbetrieblicher Verrechnungspreis für Schweinefleisch wurden 4,28 €/kg ermittelt. Welcher Ladenverkaufspreis ergibt sich für 1 kg Schnitzelfleisch bei einem Bewertungssatz von 230 % und 7 % Mehrwertsteuer?

100 % = 4,28 €/kg

$230\,\% = \quad x = \dfrac{230\,\% \cdot 4{,}28\text{ €/kg}}{100\,\%} = \underline{\underline{9{,}84\text{ €/kg}}}$

100 % = 9,84 €/kg

$107\,\% = \quad x = \dfrac{107\,\% \cdot 9{,}84\text{ €/kg}}{100\,\%} = \underline{\underline{10{,}53\text{ €/kg}}}$

Ein Kilogramm Schnitzelfleisch kostet im Ladenverkauf 10,53 €/kg.

Schweinefleischkalkulation

Ein Schwein hatte ein Lebendgewicht von 101,50 kg und wurde für 1,68 €/kg verkauft. Es wurde ein Schlachtverlust von 20,4 % festgestellt. Das Kaltschlachtgewicht betrug 79,34 kg, das Verkaufsgewicht ohne Knochen 58,526 kg und der Knochenanteil der Schweinehälften 23 %. Die Einkaufs- und Schlachtkosten wurden mit 0,10 €/kg Lebendgewicht berechnet. Die Innereien brachten einen Vorerlös von 9,75 €, die Knochen 0,02 €/kg. Der Fleischermeister legte seinen Berechnungen folgende Kalkulationsaufschläge zugrunde: Gemeinkosten 30,5 %, Gewinn und Risiko 14,75 %, Verkaufsmarge 3 % und Mehrwertsteuer 7 %.

Berechnen Sie den Brutto-Abgabepreis pro kg Schweinefleisch ohne Knochen. Füllen Sie dazu das folgende Kalkulationsschema aus.

Berechnung der Gewichte (kg)	Bezeichnung der Rechenposten	Angaben (€/kg oder %)	Berechnung der Preise (€)
	A. Gewichtsberechnung		
101,500	Lebendgewicht		
20,706	– Schlachtverlust	20,40 %	
80,794	= Warmschlachtgewicht		
1,454	– Auskühlverlust	1,80 %	
79,340	= Kaltschlachtgewicht		
3,332	– Schwund	4,20 %	
76,008	= Verkaufsgewicht mit Knochen		
17,482	– Knochenanteil	23,00 %	
58,526	= Verkaufsgewicht ohne Knochen		
	B. Preisberechnung		
101,500	Lebendgewichtspreis	1,68 €/kg	170,52 €
	+ Einkaufs- und Schlachtkosten	0,10 €/kg	10,15 €
	= Gestehungspreis für das Tier		180,67 €
	– Vorerlös Innereien		9,75 €
	= Gestehungspreis Fleisch mit Knochen		170,92 €
17,482	– Vorerlös Knochen	0,02 €/kg	0,35 €
	= Gestehungspreis Fleisch ohne Knochen		170,57 €
	C. Kalkulationsaufschläge		
	Gestehungspreis		170,57 €
	+ Gemeinkosten	30,50 %	52,02 €
	= Selbstkosten		222,59 €
	+ Gewinn	14,75 %	32,83 €
	= Abgabepreis		255,42 €
	+ Verkaufsmarge	3,00 %	7,66 €
	= Netto-Abgabepreis		263,08 €
	+ Mehrwertsteuer	7,00 %	18,42 €
	= Brutto-Abgabepreis		281,50 €
	Brutto-Abgabepreis pro kg einschließlich MwSt.		4,81 €/kg

Name: Klasse: Datum:

Zerlegen des Lamms I

In einer Aktionswoche der Fleischerei wird für Lammfleisch aus heimischer Region geworben. Sie haben die Aufgabe, ein Plakat über die entsprechenden Teilstücke in zweisprachiger Ausführung anzufertigen.

1 Zeichnen Sie die Zerlegelinien beim Lamm in die folgende Abbildung ein. Bezeichnen Sie die entstandenen Fleischteile nach der DLG-Richtlinie und nennen Sie die dazugehörige internationale englische Bezeichnung.

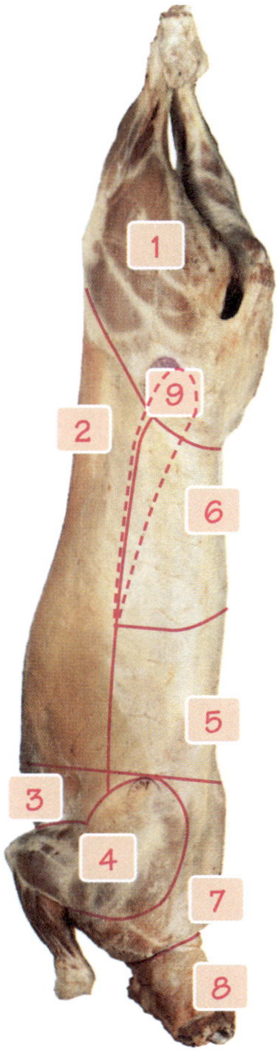

Fleischteil	Internationale Bezeichnung
1 Keule	leg
2 Dünnung	thin flank
3 Brust	lamb brisket
4 Bug mit Vorderhaxe	blade
5 Kotelett	lamb cutlet
6 Lende	lamb sattle
7 Kamm	neck piece of lamb
8 Hals	lamb scarg
9 Filet	lamb fillet

2 Woran erkennt man qualitativ hochwertiges Lammfleisch?

- hell- bis ziegelrote Farbe
- feine Muskelfaser
- sehr marmoriertes Fleisch
- weißes Fett

3 Lösen Sie das folgende Rätsel. Das Lösungswort ergibt ein Tier, welches vorzügliches Fleisch liefert.

Junges Schaf	L A M M
Lammkeule mit Rücken ohne Bauchlappen	P I S T O L E
Produkt aus der Haut der Schafe	L E D E R
Wertvolles Fleischteil vom Lamm	R U E C K E N
Gewürz für Lammgerichte	K N O B L A U C H
Produkt aus dem Haarkleid der Schafe	W O L L E
Extra weiches Schafsleder	N A P P A
Kastriertes männliches Schaf	H A M M E L
Schaf, welches die beste Wolle liefert	M E R I N O

4 Benennen Sie die wichtigsten Fleischteilstücke des Lamms und geben Sie deren mögliche Verwendung in der Küche an.

			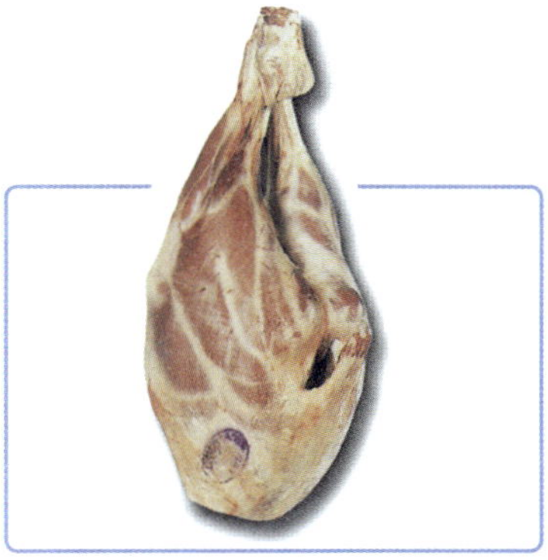
Teilstück:	Rücken	Kamm	Keule mit Hinterhaxe
Verwendung:	Chops	Gulasch	Braten im Ganzen
	Schmetterlingskotelett	Braten	Grillstück
	Lammkotelett, gefüllt	Ragout	Lammrouladen

	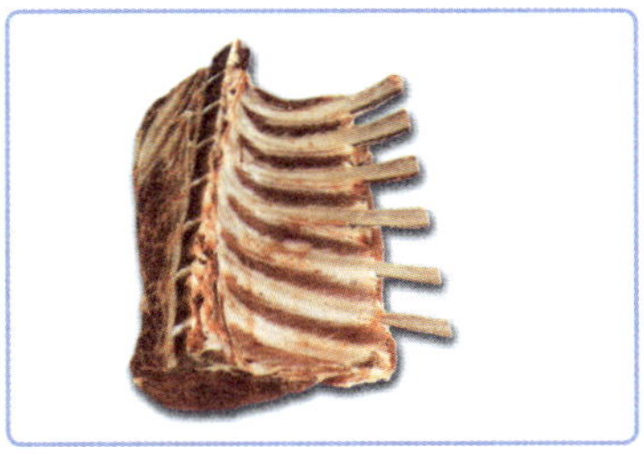		
Teilstück:	Kotelett	Schulter	Brust
Verwendung:	Lammkrone	Braten	Rollbraten
	Lammkotelett	Kochfleisch	Lammhack
	Steaks		Gulasch

5 Für ein Heidefest sind 65 Personen eingeladen. Pro Person werden 180 g verzehrfertiges Lammfleisch einkalkuliert. Wie viel kg Lammfleisch müssen bereitgestellt werden, wenn beim Auslösen ca. 15 % Knochen anfallen und mit 5 % Parüre sowie 16 % Gewichtsminderung beim Garprozess gerechnet wird?

65 Personen · 0,180 kg/Pers. = 11,700 kg

Gewichtsminderung:

84 % = 11,700 kg
100 % = x
x = 13,929 kg

Parüre:

95 % = 13,929 kg
100 % = x
x = 14,662 kg

Knochen:

85 % = 14,662 kg
100 % = x
x = 17,250 kg

17,250 kg Lammfleisch müssen bereitgestellt werden.

Name: Klasse: Datum:

Überblick – Haltbarmachungsverfahren

Sie haben gehört, dass die Menschen schon seit Jahrtausenden Methoden anwenden, um Lebensmittel längere Zeit zu bevorraten. Sie interessieren sich dafür, welche haltbarmachenden Wirkungen den Konservierungsmethoden zugrunde liegen.

Erstellen Sie in einem Fluss-Diagramm einen Überblick zum Thema Haltbarmachungsverfahren. Nehmen Sie die unten vorgegebenen Begriffe zuhilfe (Mehrfachnennungen sind möglich).

Haltbarmachungsverfahren

- Physikalische Verfahren
  - Temperatur
    - Mikroorganismen werden durch Senkung der Temperatur im Wachstum gehemmt.
      - Kühlen
      - Gefrieren
  - Konservenherstellung
    - Mikroorganismen werden durch hohe Temperaturen abgetötet. Ein hermetischer Verschluss schützt vor erneutem Befall.
      - Pasteurisieren
      - Sterilisieren
  - Mikroorganismen werden durch Veränderung ihrer Atmosphäre am Wachstum gehindert.
    - Vakuumierung
    - Schutzbegasung
  - Mikroorganismen werden durch a_w-Wert-Senkung im Wachstum gehemmt.
    - Trocknen
    - Gefriertrocknen
    - Räuchern
    - Gefrieren
- Chemische Verfahren
  - Mikroorganismen werden durch a_w-Wert-Senkung im Wachstum gehemmt.
    - Salzen/Pökeln
  - Mikroorganismen werden durch Senkung des pH-Wertes im Wachstum gehemmt.
    - Säuern
  - Mikroorganismen werden durch bakterizide oder hemmende Stoffe an Wachstum und Vermehrung gehindert.
    - Konservierungsstoffe
      - Pökeln
      - Räuchern

Chemische Verfahren | Salzen/Pökeln | Schutzbegasung | Trocknen | Sterilisieren | Säuern | Räuchern | Konservenherstellung | Physikalische Verfahren | Temperatur | Gefriertrocknen | Pasteurisieren | Kühlen | Gefrieren | Vakuumierung | Konservierungsstoffe

a_w-Wert

Sie fragen sich schon seit Längerem, warum Rohwurst, obwohl sie aus rohem Fleisch hergestellt und in rohem Zustand verkauft wird, so lange haltbar bleibt. Wie lässt sich das erklären?

1 Wie verhält sich die Haltbarkeit eines Lebensmittels im Verhältnis zum Wasseranteil?

Je weniger Wasser im Lebensmittel ist, umso länger die Haltbarkeit. Grund: Die Mikroorganismen finden schlechte Lebensbedingungen vor.

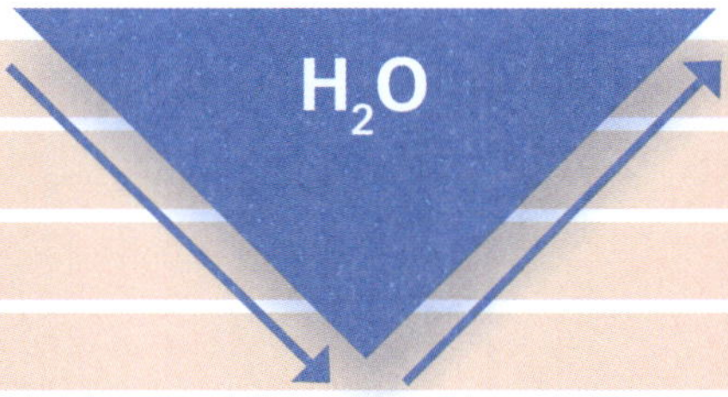

Je mehr Wasser im Lebensmittel ist, umso geringer die Haltbarkeit. Grund: Die Mikroorganismen finden günstige Lebensbedingungen vor

2 Welche Unterscheidungen des Wassers gibt es im Fleisch?

Gebundenes Wasser	Freies Wasser	Unbewegliches Wasser
ist an Nährstoffe wie Eiweiß sowie Zucker oder Salz gebunden.	- befindet sich frei beweglich zwischen den Zellen, - nur dieses Wasser wird vom a_w-Wert erfasst.	ist von Stoffen eingeschlossen, z.B. Eiweißgerinnung, Stärkeverkleisterung.

3 Was ist der a_w-Wert?

- Ein Maß, welches die Aktivität des freien, ungebundenen Wassers im Fleisch darstellt.
- Mit ihm kann man die zu erwartende Haltbarkeit von Lebensmitteln beurteilen.
- Der a_w-Wert wird zwischen 1 (reines Wasser) und 0 (wasserfreies Pulver) gemessen.

4 Welche Möglichkeiten gibt es, den a_w-Wert in den Lebensmitteln zu senken, um die Haltbarkeit zu verlängern?

- physikalisch:
  - Gefrieren ➜ Eisbildung bzw. Sublimation des Wassers
  - Trocknen ➜ Wasserentzug durch Wärme bzw. Verringerung der Luftfeuchtigkeit
  - Eiweißgerinnung durch Wärme ➜ bei der Wurstherstellung
- chemisch:
  - Zugabe von Salz, Zucker oder Stärke
  - Eiweißgerinnung durch Zugabe von Säuren (Essig, Zitrone)
  - Zugabe von Fett

Name: Klasse: Datum:

2 pH-Wert

Sie beobachten, wie Ihr Chef bei allen ankommenden Schweinehälften mittels eines Messgeräts den pH-Wert misst. Sie fragen sich, ob es wirklich so wichtig ist, jeden Tierkörper zu messen.

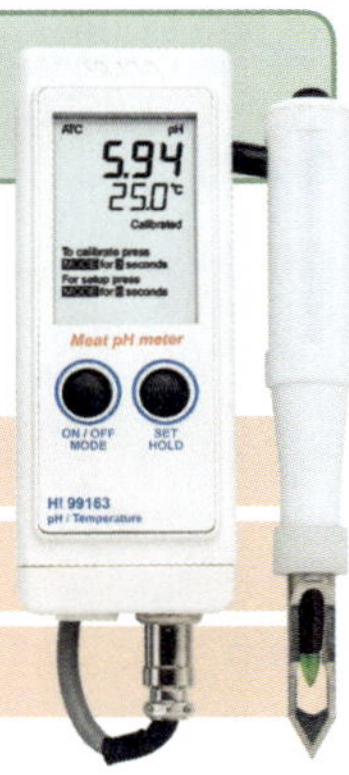

1 Was besagt der pH-Wert?

Der pH-Wert ist eine Maßeinheit, die Auskunft darüber gibt, wie sauer oder basisch Fleisch oder Fleischerzeugnisse reagieren. Der pH-Wert ist abhängig vom Gewicht der im Fleisch enthaltenen Wasserstoff-Ionen (H-Ionen).

2 Welche Bedeutung hat der pH-Wert in der Fleischproduktion? Nennen Sie jeweils Beispiele.

Der pH-Wert bestimmt die ...

... Eigenschaften des Fleisches	... Verwendungsfähigkeit des Fleisches
Haltbarkeit	für Rohwurstherstellung
Zartheit	für Brühwurstherstellung
Aroma	zur Pökelwarenherstellung
Wasserbindevermögen	als gereiftes Ladenfleisch
Wasserabgabefähigkeit	

3 Welche praktische Bedeutung hat das Messen des pH-Wertes?

3.1 nach der Schlachtung:

- anhand der pH-Wert-Kurve lässt sich der Fleischreifeprozess analysieren, z.B. Schweineschlachtkörper

3.2 bei der Fleischauswahl der Wurstherstellung:

- Fleisch mit niedrigem pH-Wert unter 5,8
  ➧ geringes Wasserbindevermögen
  Verwendung vorzugsweise für Rohwurst
- Fleisch mit höherem pH-Wert über 5,8
  ➧ gutes Wasserbindevermögen
  Verwendung vorzugsweise für Brühwurst

3.3 in der Fleischwarenherstellung:

- Fleisch mit pH-Wert 5,4 – 5,8 ➧ gute Wasserabgabe
  Verwendung vorzugsweise für Rohschinkenwaren
- Fleisch mit pH-Wert 5,8 – 6,2 ➧ geringere Wasserabgabe
  ➧ gute Ausbeute
  Verwendung vorzugsweise für Kochpökelwaren

Kühlen

Kühlen schützt das Fleisch kurze Zeit vor dem Verderb. Sie möchten wissen, wie Sie das Klima in Ihrem Kühlraum optimal für die Lagerung von Fleisch und Fleischerzeugnissen einstellen.

1 Die Reaktions-Geschwindigkeits-Temperatur-Regel (R-G-T-Regel) besagt, dass sich die Geschwindigkeit biochemischer Vorgänge bei einer Temperaturerhöhung um 10 °C (in einem Temperaturbereich von 0 °C bis +40 °C) um das Zwei- bis Dreifache erhöht. Stellen Sie das Wachstum von Bakterien und die Wirksamkeit von Enzymen in Abhängigkeit von der Temperatur grafisch dar. Skizzieren Sie den Kurvenverlauf im folgenden Diagramm.

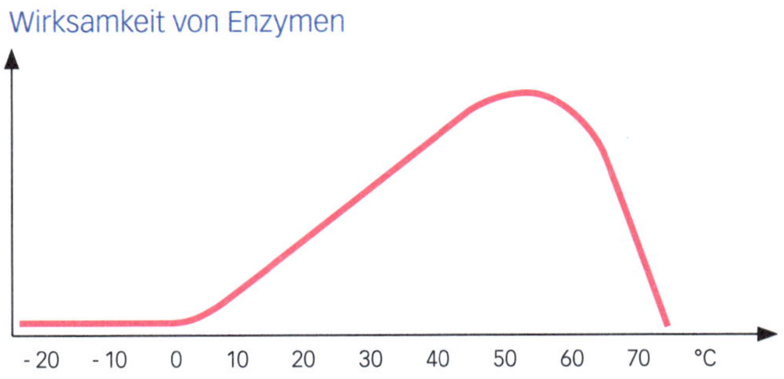

2 In der Bundesanstalt für Fleischforschung wurde Fleisch mit gleichem Anfangskeimgehalt bei unterschiedlichen Temperaturen gelagert. Folgende Messergebnisse wurden ermittelt:

	Keimgehalt pro m² Fleischoberfläche						
	10^3	**10^4**	**10^5**	**10^6**	**10^7**	**10^8**	**10^9**
Temperatur							
+ 20 °C	0 Tage	0,8 Tage	1,5 Tage	2,3 Tage	3 Tage	4,8 Tage	15 Tage
+ 10 °C	0 Tage	1 Tag	1,8 Tage	2,6 Tage	3,6 Tage	5,8 Tage	15 Tage
+ 5 °C	0 Tage	2 Tage	3,3 Tage	5 Tage	6,8 Tage	11 Tage	15 Tage
± 0 °C	2,4 Tage	4,4 Tage	6,3 Tage	8,6 Tage	11 Tage	15 Tage	

2.1 Übertragen Sie die Daten in das Diagramm und kennzeichnen Sie die entstandenen Kurven mit unterschiedlichen Lineaturen oder Farben.

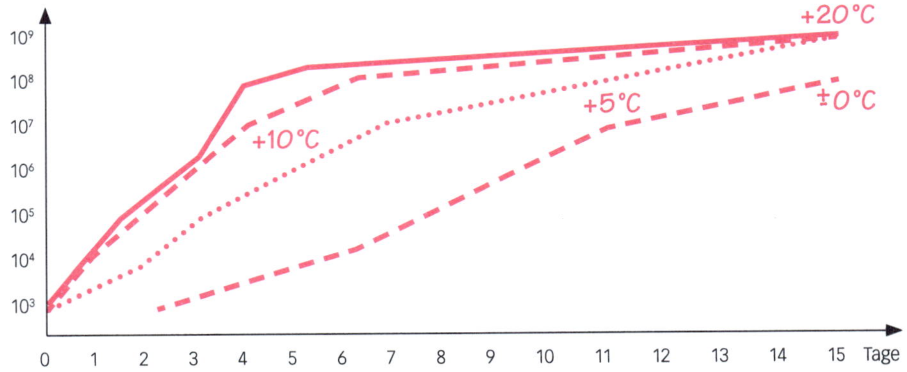

2.2 Zu welcher Erkenntnis kommen Sie?

Die Keimvermehrung und damit der Verderb von Fleisch verläuft umso langsamer, je niedriger die Temperatur ist.

3 Das Klima beim Kühlprozess wird neben der Temperatur von der Luftfeuchtigkeit und Luftumwälzung bestimmt. Unterscheiden Sie die absolute Luftfeuchtigkeit von der relativen Luftfeuchtigkeit.

- Absolute Luftfeuchtigkeit: *maximale Wasserdampfsättigung der Luft (in g/m³) bei einer bestimmten Temperatur*
- Relative Luftfeuchtigkeit: *prozentuales Verhältnis von tatsächlich vorhandener zur absoluten Luftfeuchtigkeit*

Name: Klasse: Datum:

Gefrieren I

Sie haben mitbekommen wie sich ein Kunde beklagt hat, dass seine Schnitzel nach dem Gefrieren zäh und trocken waren. Sie überlegen sich, wie das passieren konnte und wie so ein Qualitätsverlust zu verhindern ist.

1 Das Tiefgefrieren ist das schonendste Haltbarmachungsverfahren. Begründen Sie diese Aussage.

Beim Tiefgefrieren wird die Qualität des Fleisches ohne Zusätze über lange Zeit erhalten.
Einige Nähr- und Wirkstoffe (Eiweiß, Vitamin B und Eisen) kann man sogar besser ausnutzen als bei nicht tiefgefrorenem Fleisch.

2 Die Gefriergeschwindigkeit wirkt sich auf die Fleischqualität aus, sodass gilt:
Je schneller eingefroren wird, desto geringer die Qualitätseinbußen.

2.1 Was gibt die Gefriergeschwindigkeit an?

Die Gefriergeschwindigkeit gibt in cm/h an, wie schnell in einem Lebensmittel die Front mit Eiskristallbildung voranschreitet.

2.2 Skizzieren Sie die Kurven für langsames Einfrieren und Schockfrosten.

2.3 Markieren Sie in den Kurven die Temperaturzone der Eiskristallbildung (-1 bis -10 °C).

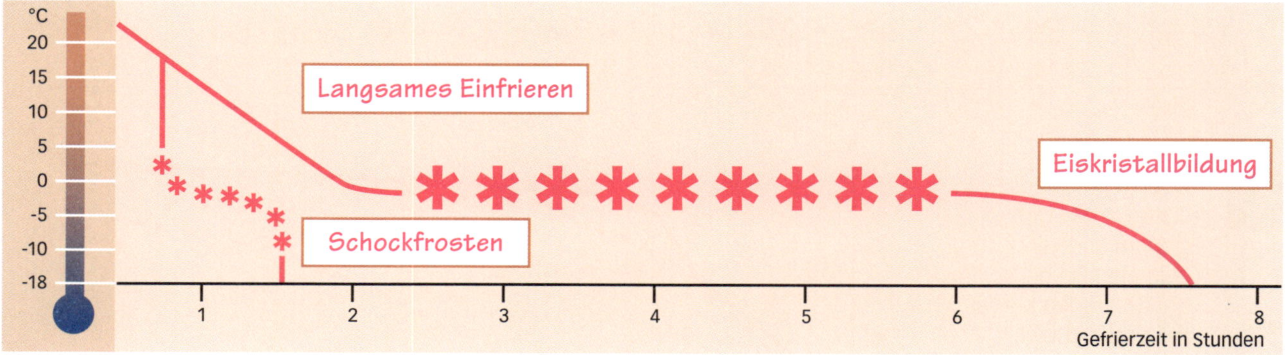

2.4 Formulieren Sie die Vorgänge und Auswirkungen beim langsamen und schnellen Einfrieren.

- Beim langsamen Gefrieren

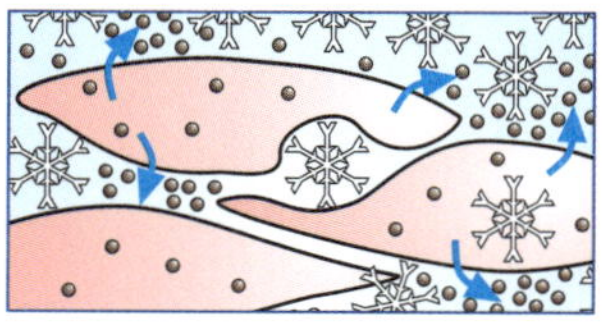

wird die Temperaturzone der Eiskristallbildung langsam durchschritten.
Es bilden sich wenige große Eiskristalle in den Zellzwischenräumen. Dadurch werden die Fleischfasern verformt und beschädigt. Beim Auftauen entstehen hohe Tropfsaftverluste. Ein Braten wird dadurch trocken und zäh.

- Beim schnellen Gefrieren

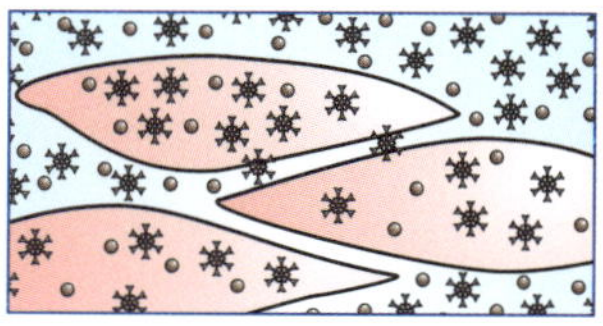

wird die Temperaturzone der Eiskristallbildung schnell durchschritten.
Es bilden sich viele kleine Eiskristalle in den Zellen. Dadurch werden die Fleischfasern nicht verformt und beschädigt. Beim Auftauen entstehen geringe Tropfsaftverluste. Ein Braten bleibt dadurch saftig und zart.

Gefrieren II

3 Geben Sie zu den vier Gefrierverfahren die Gefriergeschwindigkeiten an.

Gefrierverfahren	Gefriergeschwindigkeit		
sehr langsam:	< 0,2		cm/h
langsam:	0,2	bis 1	cm/h
schnell:	1	bis 5	cm/h
sehr schnell:	5	bis 20	cm/h

4 Wie lange braucht eine Rinderoberschale (Länge = 29 cm, Breite = 23 cm, Höhe = 9 cm) bei den vier Gefrierverfahren, bis sie durchgefroren ist?

Gefrierverfahren	Gefriergeschwindigkeit		
sehr langsam:	> 22,5		Stunden
langsam:	4,5	bis 22,5	Stunden
schnell:	54 Min.	bis 4,5	Stunden
sehr schnell:	13,5 Min.	bis 54	Min.

5 In der Verordnung über tiefgefrorene Lebensmittel (TLMV) vom 22.02.2007 ist festgelegt, dass Lebensmittel nur mit Angaben „tiefgefroren", „tiefgekühlt", „Tiefkühlkost" oder „gefrostet" angeboten werden dürfen.

5.1 Geben Sie die wichtigsten Bestimmungen zu folgenden Gliederungspunkten stichwortartig wieder.

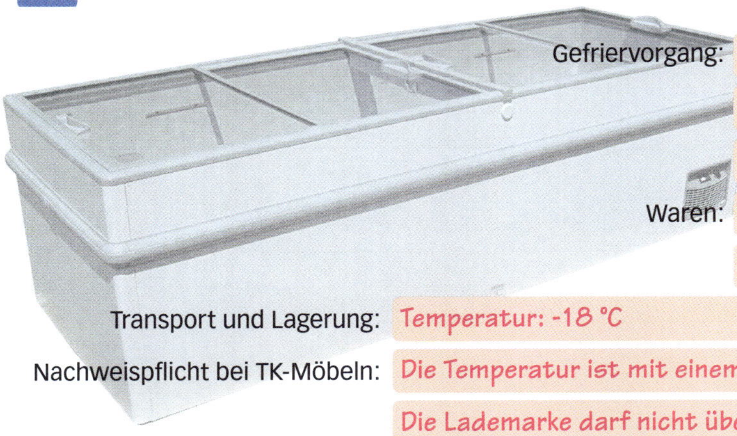

Gefriervorgang: Schnelles Einfrieren bei einer Gefriergeschwindigkeit von > 1 cm/h bis zu einer Kerntemperatur von -18 °C.

Waren: Nur einwandfreie, frische Lebensmittel dürfen tiefgefroren werden.

Transport und Lagerung: Temperatur: -18 °C

Nachweispflicht bei TK-Möbeln: Die Temperatur ist mit einem Thermometer nachzuweisen. Die Lademarke darf nicht überschritten werden.

Verpackung: TK-Ware darf nur verpackt angeboten werden. Die Verpackung muss das Lebensmittel vor nachteiligen Beeinflussungen (Austrocknung, Mikroorganismen, Geruch, Staub, Druck) schützen.

5.2 Geben Sie die maximalen Gefrierlagerzeiten für die verschiedenen Fleischarten an.

Fleischart	Temperatur in Monaten	Lagerdauer
Schweinefleisch, fett	−18 °C	4 – 5
Kalbfleisch, Lammfleisch		5 – 6
Schweinefleisch, mager		6 – 8
Rindfleisch, Hähnchen		10 – 12
Schweinefleisch, mager	−24 °C	8 – 10
Rindfleisch, Hähnchen		bis 18
Schweinefleisch, mager	−30 °C	bis 12
Rindfleisch, Hähnchen		bis 24

5.3 Die Lagerdauer ist nicht nur von der Temperatur abhängig, sondern auch vom Fettgehalt und der Tierart. Begründen Sie diese Aussage.

Die begrenzte Lagerfähigkeit tiefgefrorener Erzeugnisse ist auf oxidativen Fettabbau und die Aktivität fettspaltender Enzyme (Lipasen) zurückzuführen. Je fetter das Fleisch und je höher der Anteil an ungesättigten Fettsäuren ist, umso schneller oxidiert das Fett und desto kürzer ist die Gefrierlagerdauer. Deshalb kann Rindfleisch etwa doppelt so lange gefriergelagert werden wie Schweinefleisch.

Name: Klasse: Datum:

Komplexe Aufgabe zur Prüfungsvorbereitung

Der Umsatz in der Fleischerei in Bezug auf Frischfleisch vom Schwein geht langsam aber stetig zurück. Der Chef überlegt, ob er statt konventionell erzeugtem Schweinefleisch, Bio-Schweinefleisch verkaufen soll, um so den stetigen Abwärtstrend zu stoppen. Zunächst will er eine Vergleichszerlegung durchführen, um mögliche Unterschiede festzustellen und Entscheidungshilfen zu gewinnen.

Bei der Musterzerlegung ergaben sich folgende Werte:

		Schweinehälfte Hdlk. E 45,3 kg		Bio-Schweinehälfte 49,2 kg	
Lfd.Nr.	**Fleischteil**	**Gewicht kg**	**% - Anteil**	**Gewicht kg**	**% - Anteil**
1	Nacken	3,2	7,06	3,3	6,71
2	Dicke Rippe	1,8	3,97	1,4	2,85
3	Nackenspeck	0,5	1,10	1,4	2,85
4	Backe	2,2	4,86	2,4	4,88
5	**Schulter ganz**	**7,0**	**15,45**	**6,6**	**13,41**
	Vordereisbein	1,2	2,65	1,3	2,64
	Schulter, blau	4,7	10,38	3,6	7,32
	Schulterfett	0,5	1,10	1,2	2,44
	Knochen	0,4	0,88	0,4	0,81
6	Hinterpfote	0,7	1,55	0,8	1,63
7	Hintereisbein	1,2	2,65	1,3	2,64
8	**Schinken**	**13,5**	**29,80**	**12,8**	**26,02**
	Filetkopf	0,3	0,66	0,2	0,41
	Schinken ohne Knochen u. Oberschale	9,1	20,09	8,9	18,09
	Oberschale	1,9	4,19	1,5	3,05
	Knochen	0,9	1,99	0,9	1,83
	Zuschnitte	1,2	2,65	1,1	2,24
6	Kotelett	6,2	13,69	6,2	12,60
7	Rückenspeck	1,4	3,09	4,1	8,33
8	Bauchwamme	0,6	1,32	0,9	1,83
9	Bauch	5,0	11,04	5,7	11,59
10	Bauchzuschnitt	1,4	3,09	1,7	3,46
Gesamtgewicht: Grobzerlegung		44,7	98,67	48,6	98,8
Gesamtgewicht: Feinzerlegung		44,4	98,01	48,3	98,2

Anmerkung: Bei der Grobzerlegung bleiben der Schinken und die Schulter im Ganzen.

1 Berechnen Sie die prozentualen Anteile der einzelnen Fleischteile in Bezug auf die ganze Schweinehälfte.

2 Addieren Sie das Gewicht jeweils für die Grobzerlegung und für die Feinzerlegung sowie die Prozentzahlen.

3 Vergleichen Sie die Prozentanteile folgender Fleischteile der jeweiligen Handelsklassen und schreiben Sie auf, welche Erkenntnisse Sie daraus gewinnen: Nacken, Schulter blau, Schinken ohne Knochen und Oberschale, Oberschale, Rückenspeck und Kotelett.

4 Vergleichen Sie die Ergebnisse nochmals vor dem Hintergrund, dass der Kilopreis ab Fleischgroßhandel für eine Bio-Schweinehälfte 3,70 € und für eine Schweinehälfte der Handelsklasse E 2,00 € beträgt.

5 Warum ist Bioschweinefleisch teurer als das Fleisch konventionell erzeugter Schweine?

6 Erarbeiten Sie Verkaufsargumente, die für Biofleisch sprechen.

7 Von welchen Faktoren wird die Schweinefleischqualität beeinflusst?

8 Erklären Sie den Begriff Sauschwein und Borgschwein. Welchen Anteil haben diese beiden Bezeichnungen am Gesamtaufkommen bei der Vermarktung von Schweinefleisch?

9 Zurzeit wird verstärkt über Ferkelkastration und Ebermast diskutiert und gestritten. Welche Argumente führen die Gegner der Ferkelkastration und welche die Befürworter der Ferkelkastration ins Feld?

10 In welche Handelsklassen werden Schweinehälften klassifiziert?

11 Wird Bio-Schweinefleisch auch in Handelsklassen eingeteilt und wenn ja, wie könnte das Ergebnis ausfallen?

12 Die Vermehrung von Mikroorganismen hängt von verschiedenen Faktoren ab. Welche dieser Faktoren sind insbesondere bei der Verarbeitung von Schweinefleisch steuerbar?

13 Welcher Bakterienart von den sechs schädlichsten Bakterienarten ist besondere Aufmerksamkeit zu schenken in Bezug auf Schweinehälften?

14 Fleisch ist ein zentraler Bestandteil unserer Nahrung. Welche Vorteile bietet Fleisch für die menschliche Ernährung?

15 Unterscheiden Sie Markenfleisch und Biofleischprogramme.

EG-Lebensmittel-Rahmenverordnung 178/2002

Rahmenverordnung, Europäischer Rahmen, nationaler Rahmen – Was steht eigentlich dahinter? Brauchen wir so viele Rahmenverordnungen. Welchen Nutzen bringen sie dem Verbraucher?

1 Vervollständigen Sie die Übersicht, indem Sie Ihnen bekannte Gesetze, Verordnungen und Leitsätze aus dem Lebensmittelrecht nennen.

EG-LEBENSMITTEL-RAHMENVERORDNUNG 178/2002 – „Europäischer Rahmen"
EG-Verordnung 852/2004
EG-Verordnung 853/2004
ATD 3/2019 Amtstierärztlicher
Dienst und Lebensmittelkontrolle
EG-Verordnung 2081/92 Schutz
von geografischen Angaben und
Ursprungsbezeichnungen
Lebensmittelinformations-
Verordnung (LMIV)
Lebensmittelzusatzstoff-
Durchführungsverordnung (LMZDV)

LEBENSMITTEL- UND FUTTERMITTELGESETZBUCH – „Nationaler Rahmen"	
Gesetze:	Infektionsschutzgesetz (JfSG)
	Handelsklassengesetz (HdlKlG)
Verordnungen:	Verordnung über gesetzliche Handelsklassen
	für Schweine-Schlachtkörper (SchwHKlV)
	Fleisch-Verordnung (FlV)
	Lebensmittelzusatzstoff-Durchführungs-
	verordnung (LMZDV)
	Lebensmittelinformations-Verordnung
	(LMIV)
Leitsätze:	Leitsätze für Fleisch und Fleischerzeugnisse
	Leitsätze für Feinkostsalate
	Leitsätze für Gewürze und andere würzende
	Mittel

2 Seit wann gibt es die EG-Lebensmittel-Rahmen-VO 178/2002? Erläutern Sie die Beziehungen der EG-Lebensmittel-Rahmen-VO 178/2002 zum deutschen LFGB.

Seit dem 28. Januar 2002 gibt es die EG-Lebensmittel-Rahmenverordnung 178/2002. Diese Verordnung ist ein Rahmengesetz für eine umfassende Lebensmittelkontrolle in der EU. Da EU-Recht über nationalem Recht steht, ist diese EG-Lebensmittel-Rahmenverordnung ein zusätzlicher Rahmen für das deutsche Lebensmittel- und Futtermittelgesetzbuch. Sie umfasst somit in einem äußeren Rahmen das LFGB.

3 Informieren Sie sich im Internet oder in der Gesetzessammlung über die Ziele der EG-Lebensmittel-Rahmenverordnung.

Ziele des EU-Rechts sind:

- ein strengeres Lebensmittelrecht zu verankern
- ein Lebensmittel, ein Futtermittel und ein Tier durch alle Produktions-, Verarbeitungs- und Vertriebsstufen zurückverfolgen zu können
- schnell und wirksam zu handeln, wo immer ein Problem auftritt, sei es
  - auf einem Bauernhof
  - im Produktionsprozess oder
  - an irgendeinem Punkt der Lebensmittelkette

Name: Klasse: Datum:

3 Lebensmittel-, Bedarfsgegenstände- und Futtermittelgesetzbuch

Vor geraumer Zeit war in fast allen deutschen Tageszeitungen zu lesen:
„Pestizidrückstände in Bio-Schweinefleisch gefunden"
Zwei Tage später die Erklärung: „In einer großen Lagerhalle, in der vorher Pflanzenschutzmittel aufbewahrt wurden, wurde Biogetreide gelagert. Nachweislich waren nicht alle Rückstände auf dem Lagerboden entfernt worden."
Ist für Tiere eine einwandfreie Futterqualität so wichtig wie für den Menschen eine einwandfreie Qualität von Lebensmitteln?

1 Im LFGB ist die Gleichbehandlung und Gleichstellung von Lebensmitteln und Futtermitteln verankert. Ergänzen Sie den jeweiligen Zweck, den das LFGB im Bereich Lebensmittel und Futtermittel verfolgt. Schauen Sie dazu im LFGB nach.

Zweck des LFGB im Bereich der Lebensmittel	Zweck des LFGB im Bereich der Futtermittel
▪ Sicherstellung des Gesundheitsschutzes beim Menschen durch Vorbeugung und Gefahrenabwehr	▪ Schutz der Gesundheit von Tieren durch Vorbeugung und Gefahrenabwehr
▪ Täuschungsschutz	▪ Gewährung der qualitativen Anforderungen der von Nutztieren gewonnenen Lebensmittel und sonstigen Produkte
▪ Unterrichtung der Wirtschaftsbeteiligten (Verbraucher und Verwender von Futtermitteln)	▪ Gewährleistung der Unbedenklichkeit für die menschliche Gesundheit

2 Begründen Sie, warum das Futtermittel dem Lebensmittel gleichgestellt wurde.

Nur wenn das Futtermittel die gleiche gesundheitliche Unbedenklichkeit aufweist wie sie vom Lebensmittel erwartet wird, können die von Tieren gewonnenen Lebensmittel wie Milch, Eier und Fleisch diese gesundheitlichen Unbedenklichkeiten garantieren.
Nur wenn etwas Gesundes und Einwandfreies ins Tier hineingelangt, kann etwas Gesundes und Einwandfreies wieder herauskommen.

3 Falls Sie in Ihrer bisherigen Ausbildung noch keine Betriebskontrolle miterlebt haben, lassen Sie sich eine solche von Ihrem Ausbilder schildern. Tragen Sie in unten stehende Tabelle jeweils zwei Rechte und zwei Pflichten des Lebensmittelkontrolleurs und zwei Pflichten des Betriebsinhabers oder seines Vertreters ein.

Wahrgenommene Rechte der Lebensmittelkontrolleure:	▪ Besichtigung aller Verkaufs- und Betriebsräume ▪ Überprüfung der Herstellung, Behandlung und des Verkaufs von Lebensmitteln
Wahrgenommene Pflichten der Lebensmittelkontrolleure:	▪ Kontrollen während der Betriebs- und Geschäftszeit ▪ Schweigepflicht wahren
Wahrgenommene Pflichten des Betriebsinhabers:	▪ erforderliche Auskünfte geben ▪ Entnahme der Proben ermöglichen

Leitsätze für Fleisch und Fleischerzeugnisse

Sind die Leitsätze für Fleisch und Fleischerzeugnisse Leitsätze oder Leidsätze?
Geben Sie Ihrer Meinung nach Hilfestellung bei der Herstellung bzw. Verkehrssicherheit in der ganzen Bundesrepublik oder stellen sie doch eher eine Belastung für die Betriebe dar?

1 Ergänzen Sie folgenden Lückentext und nennen Sie die Vertreter, aus denen sich die Lebensmittelbuchkommission zusammensetzt.

Alle Leitsätze für verschiedene Lebensmittel, somit auch die Leitsätze für Fleisch und Fleischerzeugnisse, werden von der Lebensmittelbuchkommission erarbeitet. Alle Leitsätze werden im Deutschen Lebensmittelbuch gesammelt. Die Erstellung des Deutschen Lebensmittelbuches wiederum wird im Lebensmittel- und Futtermittelgesetzbuch (LFGB) vorgeschrieben.

Die Lebensmittelbuchkommission setzt sich zusammen aus Vertretern

- der Wissenschaft,
- der Lebensmittelüberwachung,
- der Verbraucher,
- des Handels,
- der Industrie und
- des Handwerks.

2 Informieren Sie sich im Internet oder in der Gesetzessammlung über die im Folgenden aufgeführten Begriffe. Erarbeiten Sie die Unterschiede anhand eines Beispiels.

Verkehrsauffassung: Die Grobeinlage bei Bierschinken hat einen Anteil von mindestens 50 %, der Feinbrätanteil ist qualitativ hochwertig und sehnenarm.

Redlicher Handwerkerbrauch: Die Grobeinlage bei Bierschinken besteht aus fettgewebs- und sehnenarmem Schweinefleisch.

Verbrauchererwartung: Bei Bierschinken handelt es sich um eine Brühwurstaufschnittware im großen Kaliber, vielen mageren Fleischstücken in nicht zu großen Gulaschwürfeln.

3 Ergänzen Sie im Schaubild für Beefsteakhack die Inhaltsstoffe im Verkaufsprodukt.

Beefsteakhack

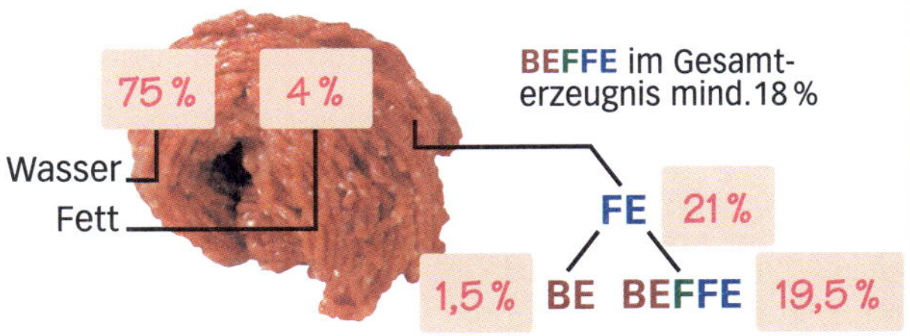

4 Die Leitsätze für Fleisch und Fleischerzeugnisse legen „drei Werte" für die meisten Wurstsorten und für Hack fest. Tragen Sie die Werte für folgende Hacksorten in die Tabelle ein.

	Beefsteakhack	Rinderhack	Schweinehack	Gemischtes Hack
1 BEFFE im Gesamterzeugnis in % mind.	18 %	14 %	11,5 %	12,5 %
2 BEFFE im FE in % mind.	90 %	75 %	75 %	75 %
3 BE im FE in % höchstens	10 %	25 %	25 %	25 %

Name: Klasse: Datum:

EU-Hygiene-Verordnungen

Sie fragen Ihren Chef: „Warum fällt der Einzelhandel mit seiner Fleischabteilung unter die EG-Verordnung 852/2004 und wir, mit unseren zwei Filialen, unter 853/2004? Wird so etwas als Gleichbehandlung bezeichnet?"

1 Aus welchen beiden EG-Verordnungen setzt sich das „EU-Hygienepaket" zusammen?

HYGIENE I UND II

EG-Verordnung 852/2004	EG-Verordnung 853/2004

2 Setzen Sie die Begriffe in den Lückentext ein.

In einer Pressemitteilung formuliert der EU-Kommissar für Gesundheit und Verbraucherschutz:

„Das Hygiene paket ist die Grundlage in der neuen EU-Gesetzgebung zur Lebensmittelsicherheit und wird den Verbraucherschutz sowie die Lebensmittelsicherheit verbessern, sodass sich die Verbraucher in der EU darauf verlassen können, dass der bestmögliche Sicherheitsstandard an jedem Punkt der Futter- und Lebensmittelkette gewährleistet ist.

EU-Gesetzgebung | Futter- und Lebensmittelkette | Grundlage | Hygiene | Lebensmittelsicherheit (2 x) | Sicherheitsstandard | Verbraucher | Verbraucherschutz

3 Ordnen Sie folgende Aussagen der EU-Hygiene-Verordnung 852/2004 bzw. 853/2004 zu:

	852/2004	853/2004
Diese Verordnung enthält allgemeine Lebensmittelhygiene-Vorschriften für Lebensmittelunternehmer.	X	
Die Verordnung gilt für unverarbeitete Erzeugnisse und Verarbeitungserzeugnisse tierischen Ursprungs.		X
Die Verordnung gilt, wenn die Abgabe tierischer Lebensmittel von einem Einzelhandelsunternehmen an ein anderes Unternehmen keine nebensächliche Tätigkeit ist.		X
Die Verordnung gilt für die Primärproduktion für den privaten häuslichen Gebrauch.		
Die Hauptverantwortung für die Sicherheit eines Lebensmittels liegt beim Lebensmittelunternehmer.	X	X
Hackfleisch ist entbeintes Fleisch, das durch Hacken zerkleinert wurde und weniger als 1 % Salz enthält.		X
Leitlinien für eine gute Verfahrenspraxis sind ein wertvolles Instrument, das Lebensmittelunternehmern auf allen Stufen der Lebensmittelkette hilft.	X	
Es müssen genügend Toiletten mit Wasserspülung und Kanalisationsanschluss vorhanden sein.	X	
Lebensmittel sind auf allen Stufen der Erzeugung, der Verarbeitung und des Vertriebs vor Kontamination zu schützen.	X	
In Zerlegebetrieben müssen Sterilisationsvorrichtungen für Arbeitsgeräte mit einer Wassertemperatur von mindestens 82 °C vorhanden sein.		X
Sofern die Tätigkeit eines Unternehmens mehr als ein Drittel der Produktionsmenge ausmacht und/oder die Lieferungen über einen Radius von 100 km hinaus erfolgen, gilt die Verordnung.		X
Soweit erforderlich, müssen angemessene Umkleideräume für das Personal vorhanden sein.	X	
Es müssen an geeigneten Standorten genügend Handwaschbecken vorhanden sein. Diese müssen eine Warm- und Kaltwasserzufuhr haben.	X	

Herstellen von Hackfleisch I

Die Stiftung Warentest hat aufgrund von Medienberichten zum Thema „Mangelnde Frische und Manipulation bei der Etikettierung des Haltbarkeitsdatums bei Hackfleisch" eine Warenuntersuchung gestartet, um den Verbraucher zu informieren.

Die Stiftung Warentest hat in einer Ausgabe einen Vergleich durchgeführt zwischen

1. frischem Hack von der Bedienungstheke
Es wird im Fleischerfachgeschäft oder im Supermarkt gewolft und in der Bedienungstheke lose zum Verkauf angeboten.

2. Hackfleisch, frisch verpackt für den SB-Bereich
Es wird fast ausschließlich in Supermärkten produziert, vor Ort verpackt und in SB-Truhen angeboten.

3. nach EU-Normen hergestelltem Hackfleisch (EU-Hackfleisch)
Haltbar mit einer Verbrauchsfrist von mehreren Tagen. Hergestellt in zentralen Betrieben, die eine EU-Zulassung besitzen. Hackfleisch wird „unter Schutzatmosphäre verpackt". Das Schutzgas besteht meistens aus einer Mischung von Sauerstoff, Kohlendioxid und eventuell Stickstoff. Es bewirkt eine haltbarere Fleischfarbe und verringert das Keimwachstum.

Das Ergebnis des Testes war eindeutig: Das Hackfleisch mit einer Haltbarkeit von mehreren Tagen (3.) schnitt in puncto Keimbelastung am besten ab. (Es wurde am letzten Haltbarkeitstag untersucht.)
Nehmen Sie zur Bearbeitung der Fragen das Fachbuch zuhilfe.

1 Worauf führen Sie das gute Abschneiden des über mehrere Tage haltbaren EU-Hackfleisches zurück?

- durchgängige Kühlkette nicht über +2 °C
- schnelles Inverkehrbringen nach der Schlachtung (sechs Tage), bei Geflügel drei Tage bei vakuumverpacktem Rind- und Kalbfleisch nicht länger als 15 Tage
- tägliche mikrobiologische Kontrollen
- besonders hohe hygienische Anforderungen an Herstellungsräume
- Verpackungsart: Schutzatmosphäre
- Zugabe von Salz
- nur wenige Personen entscheiden über die Auswahl des Fleisches

2 Welche Schlussfolgerungen lassen sich aus obigen Erkenntnissen ziehen?

- Hack ist ein mikrobiologisch betrachtet hoch sensibles Produkt
- nur frisches, einwandfreies Rohmaterial verwenden
- Kühlkette einhalten
- absolute Personalhygiene
- absolute Betriebshygiene (Fleischwolf)

3 Welche Konsequenzen sollten die Betriebe, die loses Hackfleisch verkaufen (Supermärkte und Fleischerei-Fachgeschäfte), aus der Warentest-Analyse ziehen?

- schnellstes Umdenken im Bereich der Hygiene, sonst laufen auch dort die Discounter den Fachgeschäften den Rang ab
- gute Hygienepraxis und Artikel 2 – Tierische Lebensmittelhygiene-Verordnung vom 8. August 2007
- bessere Mitarbeiterschulung

Name: Klasse: Datum:

Herstellen von Hackfleisch II

4 Entscheiden Sie, welche Fleischteile aus der Sicht der EG-Verordnung 853/2004 und aus der Sicht der „Tierischen Lebensmittelhygiene-Verordnung" verboten und welche erlaubt sind. Machen Sie entsprechend für „verboten" und „erlaubt" ein Kreuz. (Ergänzen Sie gegebenenfalls die Tabelle durch einen Hinweis.)

Fleischteil	Anmerkung/Hinweis	verboten	erlaubt
Skelettmuskulatur mit anhaftendem Fett	wichtigstes Fleischmaterial für Hack		X
Beinfleisch	Achtung: hohen Bindegewebseiweißgehalt beachten		X
Fleischzuschnitte, die beim Zerlegen und Zerschneiden anfallen	ausgenommen ganze Muskelstücke	X	
Nierenzapfen	Achtung: hohen Bindegewebseiweißgehalt beachten		X
Zwerchfell	wenn die serösen Häute entfernt wurden		X
Knochenputz		X	
Bauchmuskeln	nichtmuskuläre Teile vom Sehnenstreifen müssen entfernt sein		X
Kopffleisch		X	
Kaumuskeln des Kopfes			X
Fleisch der Schnittstelle zwischen Kopf und Hals	war früher verboten		X

5 Aus welchen Gründen sind die sehr sehnenreichen Fleischteile wie Bauchmuskulatur und Beinfleisch nach der „EG-Verordnung 853/2004" und aus der Sicht der „Tierischen Lebensmittelhygiene-Verordnung" erlaubt?

Durch die Begrenzung und Kenntlichmachung des „Verhältnisses zwischen Kollagen und Fleischeiweiß weniger als ..." bei EG-Hackfleisch ist schon eine Grenze für zu hohen BE-Gehalt eingebaut, d.h., der Hersteller ist gezwungen, dieses Material sehr gut zu entsehnen. Gleiches gilt für die Leitsätze für Fleisch und Fleischerzeugnisse in Bezug auf Hackfleisch.

6 Die EU-Verordnung 853/2004 erlaubt es, dass aus Geflügelfleisch Hack hergestellt werden darf. Welche mögliche Erklärung könnte es für die Erlaubnis, Hack auch aus Geflügelfleisch herzustellen, geben?

- Durch moderne Schlachttechniken ist es gelungen, den Keimgehalt (Salmonellengehalt) zu reduzieren.
- Das Verpacken unter Schutzgas verhindert ein schnelles Keimwachstum.
- Die Kühlkette von unter +2 °C verhindert ebenso schnelles Keimwachstum.
- Schnelles Inverkehrbringen innerhalb von drei Tagen nach der Schlachtung.
- Die Verpackung muss den Warnhinweis enthalten: „Vor dem Verzehr durchgaren"

7 Gesucht ist das „Schlüsselwort" für die Herstellung von absolut einwandfreiem Hackfleisch!

			B	A	U	C	H	L	A	P	P	E	N							
				P	O	L	Y	S	T	Y	R	O	L	S	C	H	A	L	E	N
	S	C	H	U	T	Z	G	A	S											
						D	I	S	C	O	U	N	T							
					K	U	E	H	L	K	E	T	T	E						
					M	U	N	D	S	C	H	U	T	Z						
						B	E	F	F	E										

1 Fleischteil, das erst nach der Entfernung des Sehnenstreifens zu Hack verwendet werden darf
2 Verpackungsmaterial für abgepacktes frisches Hack
3 Zusatzstoffe für die Verpackung von Hackfleisch nach der EG-Verordnung 853/2004
4 In dieser Vertriebsform des Handels wird meistens EG-Hackfleisch angeboten
5 Unbedingt einzuhalten in Bezug auf die Temperatur
6 Müssen Mitarbeiter tragen, die EG-Hackfleisch herstellen
7 Wertbestimmender Bestandteil bei der Beurteilung von Hack nach EG-Recht oder deutschem Recht

Gewürze I

In der Mittagspause sitzen alle bei Tisch. Der Senior hat in einer Wissenssendung im Fernsehen gesehen, dass eine Currywurst mit Einzelgewürzen hergestellt wurde und lobt jetzt bei Tisch die gute alte Zeit.
Der Junior hingegen meint, dass in der heutigen Zeit auf Gewürzpräparate bzw. auf Präparate mit würzenden Stoffen nicht mehr verzichtet werden kann. Welche Argumente kann der Senior und welche der Junior in die Diskussion einbringen?

1 Definieren Sie die Begriffe „Gewürze und Kräuter". Informieren Sie sich in den „Leitsätzen für Gewürze und andere würzende Zutaten".

Gewürze und Kräuter sind Pflanzenteile, die wegen ihres Gehaltes an natürlichen Inhaltsstoffen als geschmacks- und/oder geruchsgebende Zutaten zu Lebensmitteln bestimmt sind.

2 Kennzeichnen Sie durch Schraffieren die Hauptanbaugebiete der Gewürze in unten stehender Weltkarte.

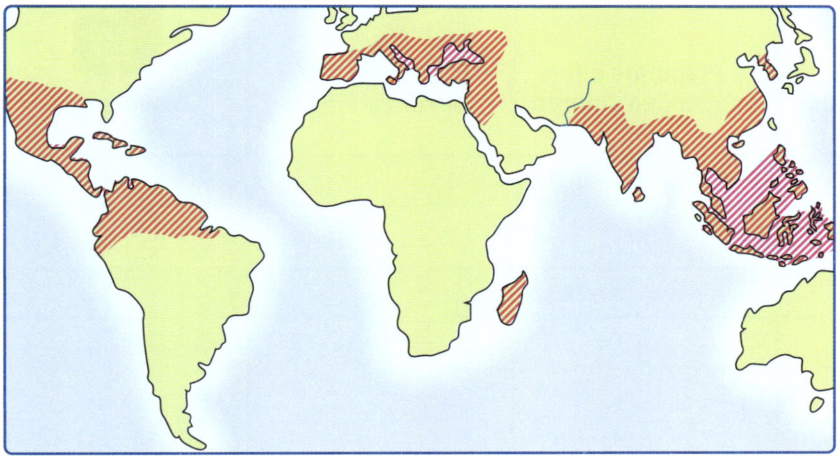

3 Begründen Sie Ihre Entscheidung für die linke Kennzeichnung.

Die meisten Gewürze gedeihen am besten im subtropischen bis tropischen Bereich, in der Äquatorregion, in der Karibik und im Mittelmeerraum.

4 Gewürze und Kräuter lassen sich nach Art der verwendeten Pflanzenteile gliedern. Benennen Sie die einzelnen Pflanzenteile und ordnen Sie diesen die nachstehenden Gewürze zu: Pfeffer, Muskatnuss, Zwiebel, Nelken, Paprika, Koriander, Majoran, Safran, Macis, Ingwer, Vanille, Knoblauch, Piment, Kapern, Kümmel, Lorbeer, Wacholderbeeren, Zimt, Senfsaat, Thymian, Kardamom, Basilikum.

Blüten und Blütenteile :	Nelken, Safran, Kapern
Früchte :	Pfeffer, Paprika, Vanille, Koriander, Piment, Kümmel, Wacholderbeeren
Samen :	Muskatnuss, Macis, Kardamom, Senfsaat
Blätter :	Lorbeer, Majoran, Thymian, Basilikum
Rinden :	Zimt
Wurzelstücke :	Ingwer
Zwiebeln :	Zwiebel, Knoblauch

5 Welche der oben zugeordneten Gewürze wirken bakterizid und bakteriostatisch?

Majoran, Piment, Koriander, Kardamom, Ingwer, Muskat und Pfeffer

Name: Klasse: Datum:

6 Die Leitsätze für „Gewürze und andere würzende Zutaten" unterscheiden u.a. Gewürzmischungen, Gewürzzubereitungen (bzw. -präparate), Präparate mit würzenden Zutaten, Gewürzaromen und Gewürzsalze.

6.1 Ordnen Sie die folgenden Aussagen diesen einzelnen Gruppen zu.
Tragen Sie die jeweiligen Buchstaben in die entsprechende Spalte der Tabelle in 6.2 ein:

a) technologisch notwendige Stoffe
b) mindestens 15 % Gewürze und mehr als 40 % Speisesalz
c) Mischungen von mehreren Gewürzen
d) andere geschmackgebende und/oder geschmackbeeinflussende Zutaten
e) aus Aromaextrakten und natürlichen Aromastoffen

6.2 Nennen Sie zu jeder Gruppe einen Anwendungsbereich und überlegen Sie, welche Beispiele Ihnen für die einzelnen Begriffe aus Ihrer Ausbildungspraxis einfallen.

Gewürzmischung	Gewürzzubereitung	Präparate mit würzenden Zutaten	Gewürzaromen	Gewürzsalze
Aussage				
c)	a), c), d)	a), c), d)	e)	b)
Anwendungsbereich				
für jede Wurstsorte und Speise	Marinaden für Steaks, Ragouts und Pfannengerichte	Rohwurstherstellung	Flüssigwürze u. a. für Sülzwürste	Haushaltsküche, Gastronomie, für Frischfleisch
Beispiele				
für Wiener Braten, Steaks, Thüringer Mett, Salate, Soßen	für grobe Bratwurst, Gyrospfanne, Brüh-, Roh- und Kochwurst	Teewurst, Salami, Katenrauchmettwurst	für Suppen, Knoblaucharoma, Bratzwiebelaroma	Zwiebelsalz, Tomatensalz

7 Tragen Sie die gesuchten Begriffe in das Gewürz-Rätsel ein. Das Lösungswort bestimmt ein Produkt für die Haushaltsküche bzw. Gastronomie.

1 Aus Pulverteilchen zusammengekittetes Gewürz
2 Charakteristisches Blutwurstgewürz
3 Süddeutscher Brühwurstaufschnitt, der mit Kochsalz hergestellt und u.a. mit Petersilie gewürzt wird
4 Flüssiger Bestandteil des Tierkörpers
5 Frucht der Kletterorchidee
6 Modernes Mahlverfahren für Gewürze
7 Rindengewürz
8 Entkeimungsmittel für Gewürze
9 Getrockneter Samenmantel der Muskatnuss
10 Wurstsorte, die als charakteristisches Gewürz Kardamom enthält
11 Teil einer Pflanze

1	G R A N U L A T
2	N E L K E
3	G E L B W U R S T
4	B L U T
5	V A N I L L E
6	K A E L T E V E R M A H L U N G
7	Z I M T
8	S T I C K S T O F F
9	M A C I S
10	L E B E R W U R S T
11	Z W I E B E L

Präsentation und Verkauf von Hackfleisch und Hackfleischerzeugnissen

Sie möchten die Präsentation von Hackfleisch und Hackfleischerzeugnissen in Ihrem Ausbildungsbetrieb verbessern. Sie schauen noch einmal in ihr Fachbuch und überlegen. Wie könnten Sie die Präsentation optimieren, damit die Kunden aufmerksam werden und bei Ihnen im Fachgeschäft und nicht im Supermarkt kaufen?

1 Platzieren Sie in der Theke vorteilhaft Schweinehack, Schweinemett und Schweinegeschnetzeltes sowie Beefsteakhack, Rinderhack und mariniertes Geschnetzeltes.

2 Ordnen Sie den Verkaufsargumenten die entsprechenden Hackfleisch-Produkte zu (Mehrfachnennungen sind möglich).

	Beefsteak-hack	Rinder-hack	Gemischtes Hack	Schweine-mett	Geschnetzeltes vom Schwein	Leber-hack
die regionale Besonderheit für Leberknödel						X
ein Erzeugnis, das sich schnell und mühelos zubereiten lässt					X	
der beliebteste Artikel im Imbissbereich				X		
der absolute „Frische-Hit“	X					
nicht billig, aber allemal seinen Preis wert	X					
hier schmeckt die Frische durch				X		
ideal für zwischendurch – auf Brötchen, dazu frisch gehackte Zwiebeln				X		
vielseitig in der Küche verwendbar		X				
zart und fein					X	
Fleisch aus heimischen Beständen			X			
ideal auch zur kalorienreduzierten Kost	X					
liefert saftige Hamburger		X				
aus saftigem Schweinefleisch und frischem, mageren Rindfleisch			X			
großer Geschmack zum kleinen Preis			X			
darf auf keinem rustikalen Büfett fehlen				X		
auch zum Rohverzehr bestens geeignet		X				

Name: Klasse: Datum:

Komplexe Aufgabe zur Prüfungsvorbereitung

Ein Kunde spricht Sie an: „Egal welche Zeitung ich aufschlage, überall finde ich Werbung für Gemischtes Hack zu immer günstigeren Preisen. Andererseits hört man immer wieder, u.a. auch von den Verbraucherzentralen, wie empfindlich Hack ist. Und im Übrigen verstehe ich nicht, warum abgepacktes Hack im Discounter mit einer Haltbarkeit von mehreren Tagen gekennzeichnet ist und Sie Ihren Kunden empfehlen, dass Hack noch am selben Tag zu verbrauchen?"

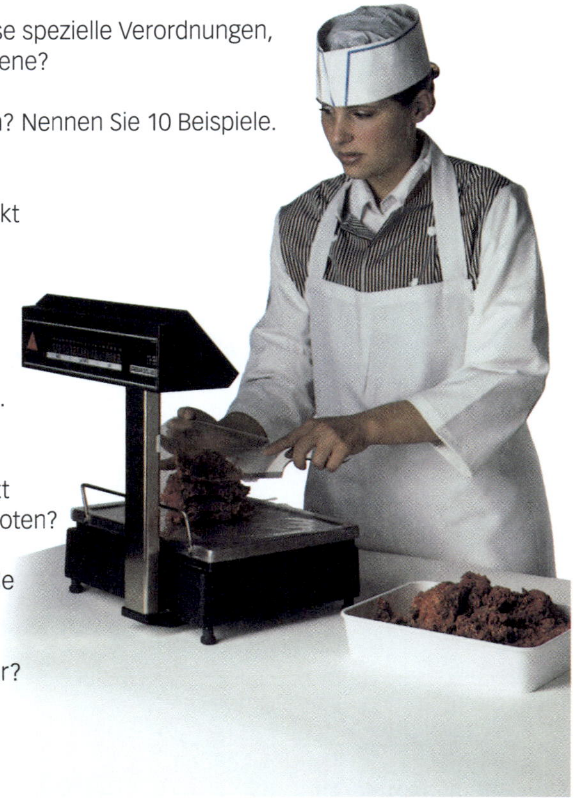

1 Warum gibt es gerade für Hackfleisch und Hackfleischerzeugnisse spezielle Verordnungen, Regeln und Durchführungsbestimmungen aus der Sicht der Hygiene?

2 Welche Hacksorten und Hackerzeugnisse werden unterschieden? Nennen Sie 10 Beispiele.

3 Welche Zusätze dürfen zubereitetem Hackfleisch, das vorverpackt in den Handel gelangt, zugegeben werden?

4 Welche Packgase kommen bei der Verpackung von Hackfleisch nach dem EG-Recht zur Anwendung?

5 Nennen Sie die BEFFE-Werte für die einzelnen Hackfleischsorten.

6 Hackfleisch darf nur aus Skelettmuskulatur mit anhaftendem Fett hergestellt werden. Welche Fleischteile sind für Hackfleisch verboten?

7 Erläutern Sie einem Kunden, warum BEFFE der wertbestimmende Bestandteil von Hack ist.

8 Warum ist Hack in der Küchenanwendung so vielseitig einsetzbar? Erläutern Sie dies einem Kunden.

9 Welche Bedeutung haben die Fettgehalte bei Hackfleisch?

10 Erläutern Sie Möglichkeiten, wie Sie aus Hackfleisch einen höheren Verkaufserlös erzielen können.

11 Für den Ladenverkauf stellt Fleischermeister Nusse Gemischtes Hackfleisch her.
Er verwendet:

	kg-Preis in €	Fettgehalt in %	BEFFE-Gehalt in %
4,000 kg Rindfleisch R I	4,51	4	19,5
7,000 kg Rindfleisch R II	3,32	8	17,0
19,000 kg Schweinefleisch S IV	2,88	33	12,0

a Wie viel % Fett enthält die frische Hackfleischmischung?

b Wie viel kg Fett dürfte sie gemäß Verbrauchererwartung enthalten und wie groß ist die Gewichtsdifferenz?

c Wie viel % BEFFE enthält die frische Hackfleischmischung?

d Wie hoch ist der Materialpreis für 1 kg?

e Wie hoch ist der Verkaufspreis je kg bei einem Rohaufschlag von 56 %?

Rechtliche Vorschriften für küchenfertige Erzeugnisse

Ihr Meister möchte in der Osterwoche Schweinefilets zum Sonderpreis von 9,90 €/kg anbieten. Sie sollen dafür ein werbewirksames Plakat erstellen. Sie wählen die „Verkleinerungsmethode" und plakatieren: Als Sie Ihrem Meister das Plakat präsentieren, meint er zu Ihnen, dass Sie da noch einmal ran müssen. Sie wollen wissen wieso.

Sonderpreis:
Filet
100 g € 0,99

1 Die Leitsätze für Fleisch und Fleischerzeugnisse enthalten unter der Leitsatzkennziffer **2.5 „Spezielle Fleischteilstücke und spezielle Fleischgerichte"** Hinweise zur verwendeten Tierart. Ordnen Sie die folgenden Fleischteilstücke und Fleischgerichte in die Tabelle ein:

Kotelett, Rahmbraten, Wiener Schnitzel, Chateaubriand, Rouladen, Rib-Eye-Steak, Schnitzel, Entrecôte, Boeuf Stroganoff, Sauerbraten, Huft, Große Lende, Tafelspitz, Schmorbraten, Ossobuco, Kluftsteak, Burgunderbraten, Cordon bleu, Falsches Filet, Falsches Kotelett, T-Bone-Steak, Porterhouse-Steak, Holzfällersteak, Zwiebelbraten, Filet, Rahmschnitzel, Steak, Szegediner Braten, Rumpsteak, Geschnetzeltes, Pökelbraten, Filetmedaillon, Nierenbraten, Schnitzel à la Holstein, Roastbeef, Club-Steak, Spareribs, Tenderons, Zigeunerbraten*

Die mit einem „*" gekennzeichneten Spezialitäten sind zwei Tierarten zuzuordnen.

	Rind	Schwein	Kalb
ausschließlich …	Chateaubriand, Boeuf Stroganoff, Falsches Filet, Roastbeef, Rib-Eye-Steak, Entrecôte, Rumpsteak, Club-Steak, Große Lende, T-Bone-Steak, Porterhouse-Steak, Huft, Tafelspitz, Kluftsteak, Zigeunerbraten	Falsches Kotelett, Holzfällersteak, Pökelbraten, Zigeunerbraten, Spareribs, Tenderons	Wiener Schnitzel, Schnitzel à la Holstein, Rahmschnitzel, Filetmedaillon, Ossobuco, Tenderons
…wenn keine Tierart angegeben, dann …	Filet, Steak, Rouladen, Sauerbraten, Schmorbraten, Burgunderbraten, Zwiebelbraten	Kotelett, Schnitzel, Szegediner Braten	Cordon bleu, Geschnetzeltes, Rahmbraten, Nierenbraten

2 Ergänzen Sie die Tabelle über Anforderungen an Fleischscheiben, indem Sie folgende Zeichen und Begriffe den Fleischscheiben richtig zuordnen: + (für ja), Rind, Schwein, klein, dünn, dick, zum Rollen geeignet.

	Medaillon	Steak	Schnitzel	Roulade
gewachsen*	+	+	+	+
Größe	klein			zum Rollen geeignet
Stärke	dünn	dick	dünn	dünn
sehnenarm	+	+	+	+
fettgewebsarm			+	+
zum Kurzbraten geeignet	+	+	+	
primäre Tierart		Rind	Schwein	Rind

* in natürlichem Zusammenhang belassen

Name: Klasse: Datum:

Die Fleischer-Innung veranstaltet einen Azubi-Wettbewerb. Es soll ein großer küchenfertiger Schweinebraten hergerichtet werden. Folgender Spanferkelrücken wird gestellt: Spanferkelrücken mit breitem Bauchansatz, Schwarte und Knochen, ca. 3,0 kg (der Knochenanteil liegt bei $16\,^2/_3$ %).
Des Weiteren sind zu verwenden: 250 g Gemischtes Hack und 250 g Bratwurstbrät, fein zerkleinert. Im Verhältnis zum Fleisch sollte die Füllung ca. 25 % betragen. Gewürze und Salz bleiben unberücksichtigt.

Erstellen Sie einen Arbeitsorganisationsplan, damit Sie sich auf den Wettbewerb optimal vorbereiten können und später alle zu berücksichtigenden Aspekte im Blick behalten.

Herstellung eines Spanferkelrückens mit Hackfleisch-Gemüse-Füllung

1 Fleischmaterial

ca. 3 kg Spanferkelrücken mit breitem Bauchansatz, Schwarte und Knochen

Knochenanteil: $16\,^2/_3$ von 3,0 kg = 0,5 kg
Es bleiben 2,5 kg Spanferkelrücken ohne Knochen.

Zutatenanteil: (für 1 Stück) = 25 % von 2,5 kg = 0,625 kg

2 Zutaten

- 250 g Gemischtes Hackfleisch
- 250 g weißes Brät, fein
- 50 g Lauch, blanchiert, in kleine Quadrate geschnitten
- 50 g Karotten, gegart, gewürfelt
- 50 g Zwiebeln
- Butter zum Andünsten

3 Gewürze

- 10 g Kochsalz
- 1 g Pfeffer
- 3 g Thymian, gefriergetrocknet
- 20 g Gewürzsalz, pfefferbetont
- 1 kleine Knoblauchzehe

4 Herstellungsablauf

Vorbereitung:

- Spanferkelrücken sorgfältig auslösen und Schwarte nicht beschädigen.
- Spanferkelrücken mit dem Gewürzsalz einreiben.

Füllung:

- Die Zwiebeln fein würfeln und mit der Butter dünsten.
- Anschließend die gegarten Karotten und den blanchierten Lauch hinzufügen und mit dem Fleischmaterial, Salz und Gewürzen vermischen.

Herstellung:

- Die Füllung mittig auf die beiden Rückenstücke (Lachse) aufstreichen und auch auf die Bauchseiten gut bis zur Hälfte verteilen. Gut mit der Hand einmassieren.
- Die beiden Bauchseiten nach oben hin zusammenklappen und in der ganzen Länge mit weißem, gewachstem Bindfaden vernähen. Die beiden Enden ebenfalls vernähen.

5 Besonderheiten

Hygiene:

Gefüllten Spanferkelrücken im ungegarten Zustand nur einen Tag anbieten, da Hackfleisch und rohes Brät verarbeitet wurden. Bei der Herstellung und Lagerung müssen die entsprechenden Temperaturen eingehalten werden.

Unfallverhütung:

Bei Auslösearbeiten Stechschutzhandschuh mit integrierter Stulpe und Stechschutzschürze tragen.

Beilagen:

Klöße, Erbsen- und Karottengemüse oder Lauchgemüse

Convenience-Produkte I

Erläutern Sie einem Kunden, was genau Convenience-Produkte sind und welche verschiedenen Formen der Convenience-Produkte Sie kennen.

1 Was heißt Convenience-Food?

Convenience	=	Komfort, Annehmlichkeit
Food	=	Essen
Convenience-Food	=	Fertignahrung

2 Nennen Sie Beispiele für Convenience-Food-Erzeugnisse:

a) nach der Zubereitungsstufe:

- küchenfertig → z.B. Tiefkühlgemüse
- garfertig → z.B. Pizza
- verzehrfertig → z.B. Sandwich
-

b) nach der Konservierungsart:

- erhitzen → z.B. Eintopf
- trocknen → z.B. Tütensuppen
- kühlen → z.B. Pastagerichte
- tiefkühlen → z.B. Fischstäbchen

3 Welche Vor- und Nachteile sind bei der Herstellung von Convenience-Food für die Fleischerei zu beachten?

Vorteile	Nachteile
- Erweiterung des Sortiments moderner Speisen	- Verringerung des traditionellen Sortiments
- Umsatzsteigerung durch Dienstleistung	- erhöhter Arbeitsaufwand
- saisonunabhängige Produktion unter Verwendung	- der Kostenaufwand ist stärker zu beachten
verschiedener Gemüse- und Obstsorten	(Arbeitsaufwand, Verpackung)
- Vorabproduktion größerer Losgrößen	- ständige Informationen über etwaige Trends
möglich (Tiefkühlung)	bezüglich der Verzehrgewohnheiten der
- Berücksichtigung ernährungsphysiologischer	Verbraucher
Parameter kann gewährleistet werden	

4 Convenience-Erzeugnisse werden hinsichtlich ihres Verarbeitungsgrades in 6 Stufen eingeteilt. Vervollständigen Sie die fehlenden Begriffe und führen Sie für die einzelnen Gruppen Beispiele an.

	Verarbeitungszustand	Erklärung	Beispiele
0	Grundstufe	unbehandelte Ware	Gemüse, Tierhälften
I	küchen fertig	LM müssen noch zur weiteren Bearbeitung vorbereitet werden	zerlegtes Fleisch
II	gar fertig	können ohne weitere Vorbereitung gegart werden	gewürztes Fleisch, paniertes Schnitzel
III	misch fertig	durch mischen, auffüllen und würzen werden fertige Produkte hergestellt	Instant-Produkte, Marinaden
IV	regenerier fertig	Speisen werden durch Wärmebehandlung verzehrfertig	TK-Fertiggerichte
V	verzehr fertig	ohne weitere Behandlung zum sofortigen Verzehr geeignet	fertige Salate, kalte Soßen

Name: Klasse: Datum:

5 Fertigen Sie ein Ablaufschema für die Herstellung eines selbst gewählten Convenience-Erzeugnisses an. Vervollständigen Sie Ihre Übersicht durch entsprechende Fotos. Überlegen Sie zunächst, welche Zutaten Sie benötigen.

Beispiel: Cordon bleu (10 Stück)

Zutaten:

- 10 Scheiben Kalbs-Schmetterlingssteaks
- 10 Scheiben Emmentaler
- 10 Scheiben Kochschinken
- Mehl, Eier, Paniermehl, Salz, Pfeffer, Holzspieße

Darstellung aller einzusetzenden Rohmaterialien

1. Schritt
- Fleischscheiben außen und innen mit Pfeffer und Salz würzen.

2. Schritt
- Gekochten Schinken und Emmentaler Käse in die Tasche legen und mit Holzspieß verschließen.

3. Schritt
- Panieren – zuerst in Mehl wenden, danach in Ei tauchen, anschließend in Paniermehl wenden.

4. Schritt
- Zum Schluss in Klarsichtfolie einwickeln.

5. Schritt
- Hygienische Präsentation und sauberer Verkauf.

6. Schritt

...

Arbeitsschritt

Arbeitsschritt

Fertigerzeugnis

6 Errechnen Sie, zu welchem Preis Ihr Erzeugnis (pro Portion) angeboten werden kann (z. B. Gemeinkosten 75 %, Gewinn/Risiko 18 %, MwSt. 7 %; die Rohmaterialpreise legen Sie eigenständig fest).

Rohmaterialeinsatz:	
Kalbfleisch (ca. 150 g)	3,00 €
+ Emmentaler (ca. 20 g)	0,30 €
+ Kochschinken (ca. 20 g)	0,20 €
+ Eier	0,07 €
+ Zutaten (pauschal)	0,10 €
Gesamt	3,67 €

Materialkosten	3,67 €
+ Gemeinkosten (75 %)	2,75 €
= Selbstkosten	6,42 €
+ Gewinn (18 %)	1,16 €
= Nettopreis	7,58 €
+ MwSt. (7 %)	0,53 €
= Bruttopreis	8,11 €

Fleischzubereitung

Paul, Fleischerlehrling im ersten Ausbildungsjahr, berichtet Ihnen: „Neulich musste ich im Laden aushelfen und Wurst aufschneiden. Da fragt mich doch ein Kunde, ob ich ihm sagen könne, was er beim Zubereiten von Schweinefleisch für Braten oder Suppenfleisch beachten müsse. Ich antwortete ihm: „Ich werde Fleischer und kein Koch." Welche Ratschläge würden Sie dem Kunden geben?

1 Welcher Unterschied besteht beim Garen von Suppenfleisch und Tellerfleisch (Kochfleisch)?

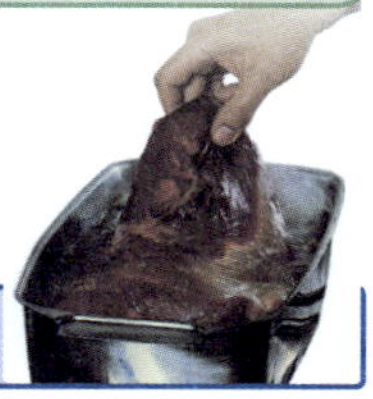

Suppenfleisch

- Fleisch im kalten Wasser ansetzen.
- Langsam zum Kochen bringen.
- Unterhalb des Siedepunktes gar ziehen lassen.
- 20 Minuten vor Ende der Garzeit das feste Suppengemüse zugeben.
- Brühe würzen mit Salz und Muskat.
- 10 Minuten vor Ende der Garzeit den Lauch zugeben.
- 5 Minuten vor Ende der Garzeit die Kräuter zugeben.

Tellerfleisch (Kochfleisch)

- Kochwasser salzen.
- Wasser zum Kochen bringen.
- Fleisch ins kochende Wasser geben.
- Fleisch langsam gar ziehen lassen.
- 20 Minuten vor Ende der Garzeit das feste Suppengemüse zugeben.
- Brühe würzen mit Salz und Muskat.
- 10 Minuten vor Ende der Garzeit den Lauch zugeben.
- 5 Minuten vor Ende der Garzeit die Kräuter zugeben.

2 Welche Kerntemperaturen sind für Kurzbratfleisch, Schweinebraten und Schmorbraten zu empfehlen?

■ **Kurzbratfleisch:**	Kalb	60 °C	■ **Braten:**	Schweinekamm	90 °C
	Schwein	62 °C		Schweinelachsrolle	62 °C
	Rind	55 °C	■ **Schmorbraten:**	Rindersauerbraten	90 °C

3 Welche Regeln sind beim Kurzbraten oder Anbraten von Fleisch in Pfannen zu beachten? Nennen Sie fünf.

- Pfanne bei großer Hitze vorheizen.
- Wenig oder kein Fett (Schmalz) zugeben.
- Pfannenboden höchstens zu zwei Drittel bedecken.
- Beim Wenden das Fleisch nicht vom Pfannenboden losreißen.
- Erst wenden, wenn sich das Fleisch vom Pfannenboden gelöst hat.

4 „Wenn in einer Küche Suppen und Soßen gut riechen, leidet der Geschmack des Essens!"
Begründen Sie diese These.

Die Aromastoffe von Gemüse, Kräutern und Gewürzen sind leicht flüchtige Öle, die sich bei Erhitzung in die Luft verflüchtigen.

5 Leiten Sie aus oben genannter These Arbeitsschritte ab. Überlegen Sie, wie viele Minuten vor Ende der Garzeit welche Zutaten in eine Suppe gegeben werden müssen.

- grob geschnittenes festes Würzgemüse (Sellerie, Möhren, Zwiebel) 20 – 30 Minuten
- grob geschnittenes weiches Würzgemüse (Lauch) 10 Minuten
- ganze oder geschrotete Gewürze 10 Minuten
- feine Gewürze 5 Minuten, Kräuter am Ende

Name: Klasse: Datum:

4 Gartechniken in der Fleischerei I

Sie sind für die fachliche Betreuung des neuen Praktikanten zuständig und erläutern ihm die hauptsächlichen Garverfahren in der Fleischerei.

1 Nennen Sie die Auswirkungen des Garens auf das Gargut.

- Lockerung der Lebensmittel
- Geschmacksveränderung
- Eiweißgerinnung

- Stärkeverkleisterung
- Abtöten von Mikroorganismen
- Lockerung der Fleisch- bzw. Pflanzenfasern

Zerstörung von hitzelabilen Giften

2 Geben Sie zu jeder konventionellen Gartechnik typische Anwendungsbeispiele in der Fleischerei an und nennen Sie die jeweiligen Merkmale (z.B. Temperaturen).

Gartechnik		Anwendung	Merkmale
	**Kochen** (Wasser)	Garen von Spitzbeinen, Köpfen, Schwarten	viel wässrige Flüssigkeit Temperatur 100 °C
	**Garziehen** (Wasser)	Garen von Kochwurst, Brühwurst, Pasteten	viel wässrige Flüssigkeit Temperatur < 100 °C
	**Dämpfen** (Wasser)	Garen in Uni-Rauchanlagen, Konvektomaten	strömender Wasserdampf Temperatur ≤ 100 °C
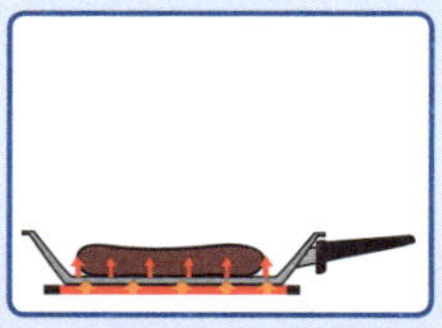	**Braten** (Fett)	dient der Erzielung einer Bratenkruste und Aromatisierung	hoch siedenes Fett 220 °C abfallend
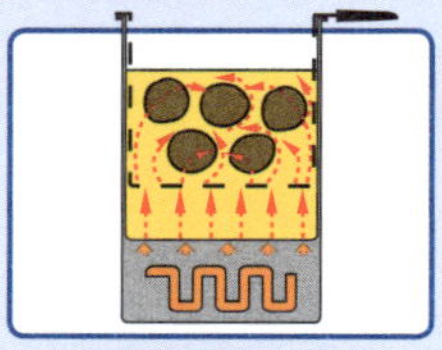	**Frittieren** (Fett)	Erzielung einer röschen Kruste, z.B. Pommes frites (Heiße Theke, Partyservice)	viel heißes Fett Temperaturen um 170 °C
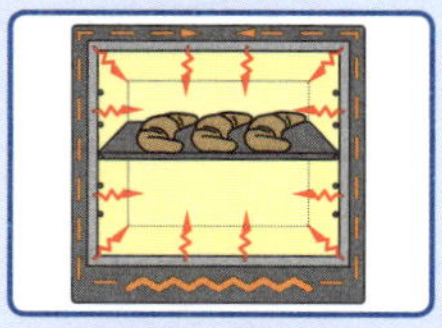	**Backen** (Heißluft)	Backwaren (Blätterteigerzeugnisse), große Bratenstücke	Garen in Heißluft, Temperaturen zwischen 180 und 250 °C
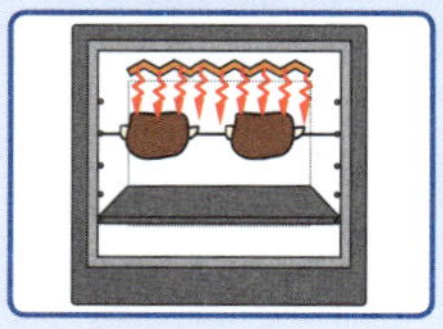	**Grillen**	kleinere Fleischstücke (Grillhaxe) mit ausgeprägter Röstkruste	Garen mit Hitzestrahlung oder Kontaktwärme, Temperaturen zwischen 250 und 350 °C

Gartechniken in der Fleischerei II

3 Was ist ein Autoklav?

Ein Autoklav (gr./lat. = selbstverschließend) ist ein gasdicht verschließbarer Druckbehälter, der für die thermische Behandlung von Stoffen im Überdruckbereich eingesetzt wird. Autoklaven werden in der Fleischwirtschaft zum Sterilisieren von Konserven genutzt.

4 Welche Vorteile ergeben sich aus der Anwendung eines Autoklavs?

- Man erreicht mit Wasser Temperaturen über 100 °C.
- Die Garzeit wird um bis zu 50 % verkürzt.

5 Erläutern Sie die Wirkungsweise des Dampfgarens mittels Autoklav.

- Durch die geschlossene Bauweise (Deckel wird arretiert) kann kein Dampf entweichen.
- Der im Inneren erzeugte Dampf erhöht den Druck.
- Der Siedepunkt des Wassers steigt mit zunehmendem Druck an.

➔ Es werden die notwendigen Temperaturen von mind. 121 °C erreicht.

6 Welche Gefahren sind bei der Durchführung des Dampfgarens mittels Autoklav zu beachten?

GEFAHR

- Verbrennungen an heißen Oberflächen
- überhitzte Gasphase (Verbrennungen)
- Überdruck beim Zerplatzen des Körpers
- Siedeverzug bei vorzeitiger Öffnung im Betrieb mit Flüssigkeiten
- durch Austreten heiße überhitzter Lösung

Name: Klasse: Datum:

Gartechniken in der Fleischerei III

7 Was versteht man unter Niedrigtemperatur-Garen?

Hierbei handelt es sich um eine Garmethode, bei der das Garmedium (Wasser, Luft) grundsätzlich Temperaturen unter 100 °C aufweist, meist liegt die Temperatur um 80 °C.

8 Begründen Sie die Vorzüge dieser Garmethode gegenüber den herkömmlichen Garverfahren.

- Bei Temperaturen im Inneren der Garstücke um 70 °C wird das Kollagen in Gelatine verwandelt
  ➧ das Bindegewebe des Fleisches wird mürbe.
- Ab 50 °C beginnen die Proteine zu gerinnen und geben vorher gebundenes Wasser frei.
- Je höher die Gartemperatur wird (> 60 °C Kerntemperatur), um so mehr Wasser verdampft
  ➧ das Fleisch wird trocken und zäh.
- Die meisten Mikroorganismen werden bei dieser Temperatur abgetötet.

9 Ein Kunde möchte ein 1,5 kg-Rinderfilet aus der Mitte mittels Niedrigtemperatur-Garen zubereiten. Welche schrittweise Vorgehensweise empfehlen Sie ihm?

Rinderfilet abtupfen (nicht waschen), anschließend würzen.
Gewürze eventuell leicht einklopfen.

▼

Rinderfilet allseitig kurz goldbraun anbraten (ca. 6 bis 7 Min.).
➧ Bildung von Röststoffen

▼

Anschließend bei ca 80 °C 1,5 bis 2 Stunden im Backofen garen.
➧ Eventuell das Filet vorher in Bratenfolie einwickeln.

▼

Kontrolle der Temperatur mittels Ofenthermometer empfehlenswert

▼

Ein Ruhen des Bratens entfällt

▼

Hinweis auf das Nichtentstehen von Soßenfond
➧ Dieser muss aus anderen Zutaten hergestellt werden.

Döner

Im Berufsschulunterricht wird heute über neue Produkte in der Fleischerei gesprochen. Es gibt im Lebensmittelbereich eine Vielzahl von Beispielen, die deutlich machen, wie neue Produkte den Markt erobern und einen großen Bekanntheitsgrad erreichen. Ein Beispiel dafür ist der Döner, von dem heute bereits deutschlandweit mehr als Hamburger verkauft werden.

1 Notieren Sie die Anforderungen der Leitsätze für Fleisch und Fleischerzeugnisse an einen Döner Kebap.

Ausgangsmaterial:

Grob entsehntes Schaffleisch und/oder entsehntes Rindfleisch

Besondere Merkmale:

Dünne Fleischscheiben, auf Drehspieß aufgesteckt; ein mitverarbeiteter Hackfleischanteil aus grob entsehntem Rindfleisch und/oder grob entsehntem Schaffleisch beträgt höchstens 60 %; außer Salz und Gewürzen sowie ggf. Eiern, Zwiebeln, Öl, Milch und Joghurt enthält Döner Kebap keine weiteren Zutaten.

Analysenwerte:

Roher Hackfleischanteil BEFFE nicht unter 14 %

BEFFE im FE nicht unter 75 %

2 Der Hauptumsatz bei Döner bezieht sich auf den Kalbfleischdöner. Dazu werden Bauchlappen mit der Brust verwendet. „Helle" Ware vom Kalb kostet 3,00 €/kg netto. Beim Auslösen und Zuschneiden fallen 35 % Knochen (ohne Geldwert) und 5 % Fett (ohne Geldwert) an. Das restliche Fett wird mitverarbeitet. Des Weiteren fallen 5 % Zuschnitte an. Der Rest ist reines Scheibenfleisch. Die Zuschnitte beim Stecken und Beschneiden des Dönerspießes und die 5 % Zuschnitte beim Auslösen gelangen in die Hackmasse. Ist die Hackmenge zu gering, wird diese durch Scheibenfleisch ergänzt.

a) Berechnen Sie den Kilo-Preis für 1 kg Scheibenfleisch bzw. Hackfleisch.

	100,000 kg Bauchlappen/Brust	à kg 3,00 €	300,00 €
–	35,000 kg	- 35 % Knochen ohne Wert	
–	5,000 kg	- 5 % Fett ohne Wert	
=	60,000 kg Scheibenfleisch und verwertbare Zuschnitte	=	300,00 €

60,000 kg = 300,00 €   1 kg = x €   x = 5,00 €/kg

b) Berechnen Sie für den Dönerspieß die Hackmenge ohne Zutaten und die Preise für alle Materialien.

	100,000 kg Dönerspieß				
–	40,000 kg Scheibenfleisch	à kg	5,00 €	=	200,00 €
–	5,000 kg Öl	à kg	1,10 €	=	5,50 €
–	5,000 kg Joghurt	à kg	1,90 €	=	9,50 €
–	1,500 kg Milch	à kg	0,69 €	=	1,04 €
–	0,900 kg Kochsalz	à kg	0,30 €	=	0,27 €
–	1,200 kg Gewürzmischung mit Knoblauch und Zwiebeln	à kg	13,60 €	=	16,32 €
=	46,400 kg Hack aus den verwertbaren Zuschnitten der Bauchlappen	à kg	5,00 €	=	232,00 €

c) Addieren Sie die Materialpreise aus b) und berechnen Sie den Materialpreis für 1 kg Döner Kebap.

1 kg = 464,63 € : 100 kg = 4,65 €

Name: Klasse: Datum:

Präsentation und Verkauf von küchenfertigen Erzeugnissen I

Sie überlegen gemeinsam mit Ihrem Chef, wie Sie Ihre küchenfertigen Erzeugnisse bekannter machen können. Sie haben die Idee, einen Wochenplan zu erstellen, auf dem für jeden Tag zwei küchenfertige Spezialitäten abgedruckt sind.

1 Erstellen Sie einen Wochenplan mit je zwei küchenfertigen Spezialitäten pro Tag. Es dürfen auch fleischlose Spezialitäten angeboten werden.

Montag	Dienstag	Mittwoch	Donnerstag	Freitag
- Rinderrouladen	- Kasseler im	- Gulasch unga-	- Reibeplätzchen	- Heringsstipp
mit saftiger	Blätterteig, dazu	rischer Art mit	mit Apfelmus	mit Äpfeln und
Füllung, dazu	Sauerkrautsalat	Paprika gewürzt,	- deftige	Zwiebeln,
Kartoffelklöße	mit Ananas	Semmelknödel	Schweinshaxe	Pellkartoffeln
und Rotkohl	- Sauerbraten mit	und ein gemisch-	mit knus-prigen	- Erbseneintopf
- Gemüseburger,	Kartoffelklößen,	ter Salat	Bratkartoffeln	mit großer
Käse und Gemüse	wahlweise mit	- Cordon bleu mit	und Krautsalat	Bockwurst und
umhüllt von kräf-	Rotkohl oder	Kroketten und		Brötchen
tiger Panade, mit	Apfelmus	zartem Erbsen-		
Reis und feuriger		gemüse		
Tomatensoße				

2 Nennen Sie aussagestarke Verkaufsargumente zu den unter Aufgabe 1 genannten Menüvorschlägen.

Roulade:	wird immer wieder gern gegessen. Sie ist abwechslungsreich durch verschiedene Füllungen.
Gemüseburger:	eine Spezialität ganz ohne Fleisch; trendig und gesund.
Kasseler im Blätterteig:	erfreut sich großer Beliebtheit, besonders bei Büfetts.
Sauerbraten:	der Klassiker unter den Bratenangeboten, gerne auch mit Rosinen zum Sauerbraten nach rheinischer Art abgewandelt.
Gulasch:	ein herzhaftes Gericht, das gerne auch etwas pikant angerichtet wird.
Cordon bleu:	regt den Gaumen durch die Kombination Käse und Fleisch an.
Reibeplätzchen:	der klassische Hit ganz ohne Fleisch, gern auch als Beilage zu pikanten Gerichten.
Schweinshaxe:	knusprige Spezialität aus Bayern, mittlerweile auch nördlich des Mains beliebt.
Heringsstipp:	der Klassiker aus dem Norden zum klassischen „Fisch-Freitag“, leicht zuzubereiten und eine Abwechslung zum Fleischangebot.
Erbseneintopf:	in großer Menge mit Einlage gekocht, ergibt sich ein besonders deftiges und intensives Aroma, das bei Kunden sehr beliebt ist.

3 Vervollständigen Sie die folgenden Sätze:

- Jedes moderne Fleischerfachgeschäft sollte dem Kunden täglich ein *Grundangebot* an *küchenfertigen Spezialitäten* bieten.
- Den küchenfertigen Erzeugnissen gebührt der opitmale *Thekenplatz*.
- Ein besonderer Service und gleichzeitiger Verkaufsanreiz ist das Mitanbieten einer *Rezeptur*.
- Die genaue Produktbezeichnung sowie die *Preisauszeichnung* sind von großer Bedeutung.
- Die beste Werbung für das Fleischerfachgeschäft sind *innovative Erzeugnisse*.
- Für Single-Haushalte und Kleinfamilien sollten auch *kleinere Portionsstücke* angeboten werden.
- Helle Erzeugnisse sollten auf *schwarzen Platten* (z.B. Schieferplatten) präsentiert werden.

4 Lösen Sie folgendes Kreuzworträtsel (gerade Zahlen senkrecht, ungerade Zahlen waagerecht). Gesucht werden verschiedene Fleischgerichte.

1 mit gespickten Backpflaumen, dazu die Bratensoße mit Backpflaumen verfeinert
2 saftig und schmackhaft nach Großmutter Art, mit reichlich Soße, Salzkartoffeln u. Leipziger Allerlei
3 nicht nur zum Grillfest mit Kartoffelrösti und Brokkoli
4 aus dem Kalbsrücken geschnitten, mit Kroketten o. Rösti u. zartem Erbsengemüse
5 ein Gruß aus der italienischen Küche
6 Deutschlands beliebtester Braten mit Kartoffelklößen und Rotkohl
7 im Blätterteig, dazu Sauerkrautsalat mit Ananas
8 ungarische Art mit Paprika gewürzt
9 auch für den verwöhnten Gaumen, mit Kartoffelkroketten und grünen Bohnen
10 Wiener … aus zartem Kalbfleisch
11 Rinder … mit Mett-Lauch-Füllung

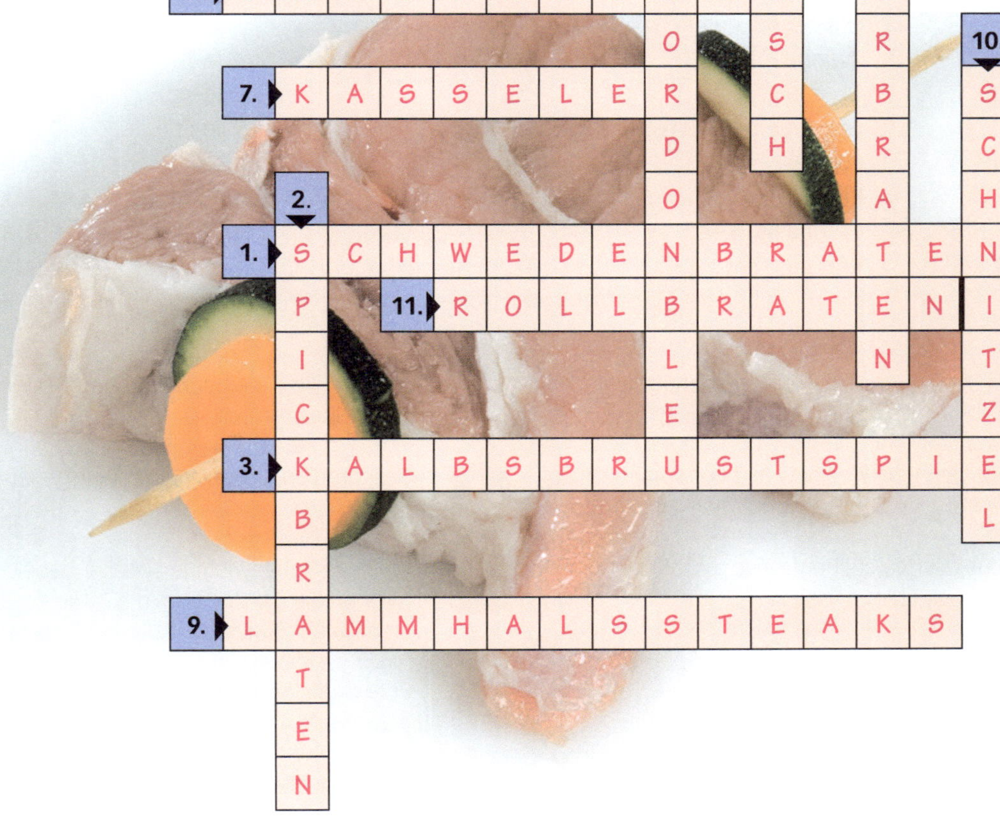

5. SALTIMBOCCA
7. KASSELER
1. SCHWEDENBRATEN
11. ROLLBRATEN
3. KALBSBRUSTSPIESSE
9. LAMMHALSSTEAKS
8. GULASCH
6. SAUERBRATEN
4. CORDONBLEU
10. SCHNITZEL
2. SPICKBRATEN

Name: Klasse: Datum:

Komplexe Aufgabe zur Prüfungsvorbereitung

Zum Tag der offenen Tür in Ihrer Fleischerei sollen folgende fünf küchenfertige Spezialitäten hergestellt werden:
- 15 Schnitzel „Wiener Art"
- 12 Cordon bleu
- 10 Rinderrouladen
- 8 gefüllte Hähnchenkeulen
- 14 Gurkenschiffchen mit Hackfleisch-Reis-Füllung.

Folgende Materialpreise werden zugrunde gelegt:

Menge	Zutaten	Materialpreis		
	Schweineschnitzel	à 150 g	je kg	3,90 €
	Fertigpanade	à Schnitzel 30 g	je kg	0,69 €
	Kalbsrücken	à Scheibe 125 g	je kg	24,90 €
12 halbe Sch.	Kochschinken	à 10 g	je kg	8,90 €
12 Sch.	Emmentaler Käse	à 10 g	je kg	5,60 €
100 g	Mehl		je kg	0,70 €
8	Eier	à 0,30 €		
400 g	Paniermehl		je kg	0,49 €
	Pfeffer, Salz, Holzspieße		je St.	0,10 €
10 Sch.	Rouladen	à 180 g	je kg	6,90 €
10 Sch.	Räucherbauch	à 12 g	je kg	4,50 €
	Salz, Pfeffer, Senf, Zwiebeln, Gurken		je Roulade	0,30 €
8	Hähnchenkeulen	à 200 g	je kg	3,60 €
120 g	Zwiebeln		je kg	1,25 €
80 g	Champignons		je kg	2,90 €
	Gewürze und restliche Zutaten		je St.	0,30 €
1,400 kg	Hack		je kg	3,85 €
28 Sch.	Räucherbauch	à 8 g	je kg	4,50 €
7	Gemüsegurken	à St.		0,70 €
140 g	Reis gekocht		je kg	2,00 €
	Gewürze und restliche Zutaten		je St.	0,18 €

1 Erklären Sie den Begriff „Fleischzubereitungen".

2 Leiten Sie den Begriff „Convenience" sprachlich ab und erläutern Sie den Begriff für die Fleischerei.

3 Unterscheiden Sie küchenfertige, tischfertige und verzehrfertige Erzeugnisse.

4 Kalkulieren Sie die oben genannten Spezialitäten.

5 Erstellen Sie für eine der Spezialitäten einen Arbeitsablaufplan.

6 Nennen Sie die entsprechenden Gartechniken für obige Spezialitäten.

7 Beschreiben Sie eine Gartechnik genauer.

8 Welches Rohgewicht je Scheibe hat ein Schnitzel? Nennen Sie die Garform, die Dicke der Scheibe in cm und die Bratzeit je Seite in Minuten.

9 Entwickeln Sie für die fünf Spezialitäten Verkaufsargumente.

10 Geben Sie Ihren Kunden dazu entsprechende Verzehrempfehlungen.

Lebensmittelgruppen – Ernährungspyramide

Sie werden von Ihrer Kollegin aus dem Fleischereiverkauf angesprochen: „Kannst du nicht gleich das ganze Fett vom Schinken abschneiden, dann kann ich den Kunden auch gleich den mageren Schinken ohne Fett anbieten?“
Klar könnten Sie das, aber dann wäre der Schinken total trocken und würde nur noch salzig schmecken. Fett ist immerhin auch ein Geschmacksträger. Sie antworten ihr: „Die Leute sollten lieber auf einige versteckte Fette in der Nahrung verzichten, als auf das bisschen, das am Schinken hängt.“

1 Jede der vier Seiten der dreidimensionalen Lebensmittelpyramide verkörpert eine Lebensmittelgruppe. Dabei stehen die Lebensmittel, wobei die Lebensmittel von denen viel verzehrt werden darf, unten in der Basis (grün) und von denen nur ganz wenig verzehrt werden darf, oben (rot).
Bezeichnen Sie die vier Lebensmittelgruppen und geben Sie zu jeder Gruppe Beispiele für „grüne“, „gelbe“ und „rote“ Lebensmitteln.

Gruppe 1:	Getränke
Rot:	Pfirsichnektar, Eistee, Cola,
	Orangenlimonade, Energy-Drinks
Gelb:	Apfelsaftschorle, schwarzer Tee,
	Kaffee, Lightgetränke
Grün:	Mineralwasser, Trinkwasser,
	Früchte- und Kräutertee

Gruppe 2:	Pflanzliche Lebensmittel
Rot:	Zucker, Schokolade, Kekse,
	Kartoffelchips, Erdnussflips
Gelb:	geschälter Reis, Reibeplätzchen,
	Pommes, Weißbrot
Grün:	Bananen, Äpfel, Gurken, Rotkohl,
	Blattsalat, Säfte

Gruppe 3:	Tierische Lebensmittel
Rot:	Wurst, Eier, Sahne, Speck
Gelb:	Vollmilch, Käse, Sahnejoghurt
Grün:	fettarme Milch und Milchprodukte,
	fettarmes Fleisch und Fisch

Gruppe 4:	Öle und Fette
Rot:	Schmalz und Butter
Gelb:	Margarine, Sonnenblumen- und
	Maiskeimöl
Grün:	Weizenkeim-, Soja- und Olivenöl,
	Raps- und Walnussöl

2 Der DGE-Ernährungskreis bildet den Boden der Pyramide, dessen „Tortenstücke“ dabei die prozentualen Mengenverhältnisse der jeweiligen Lebensmittelgruppen darstellen. Ordnen Sie die abgebildeten Lebensmittel mit Verbindungslinien den „Tortenstücken“ zu.

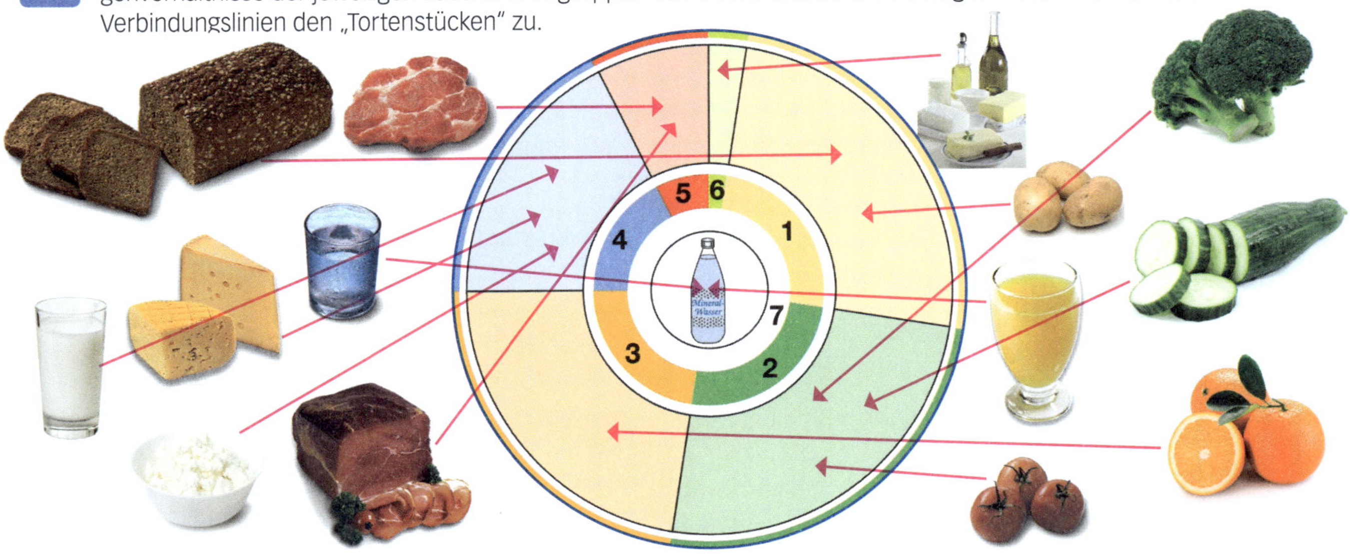

Name: Klasse: Datum:

Vollwertige Ernährung

Ihr Mitschüler Marc hatte an seinem Berufsschultag einen Arzttermin und kommt nach der Pause in den Unterricht. Die Lehrerin fragt nach der Entschuldigung. Marc erzählt, dass er wegen häufiger Übelkeit und Muskelzucken beim Arzt war. Marc: „Der Arzt sagt, ich soll mich vollwertig ernähren. Aber was bedeutet das denn jetzt?"

Ordnen Sie den Bildern durch Verbindungspfeile jeweils die richtige der zehn DGE-Regeln zu. Ergänzen Sie dabei die fehlenden Begriffe.

versteckte | aktiver Alltag | Fisch | Hülsenfrüchte | Lebensmittelvielfalt | pflanzliche | Pause | drei | Getreideprodukten | kalorienfreie | Joghurt | pflanzliche Öle | sparsam | Verbrennen

Regel 10: Auf das Gewicht achten und in Bewegung bleiben Vollwertige Ernährung und körperliche Aktivität gehören zusammen. Dabei ist nicht nur regelmäßiger Sport hilfreich, sondern auch ein aktiver Alltag, in dem Sie z. B. öfter zu Fuß gehen oder Fahrrad fahren.

Regel 2: Gemüse und Obst – nimm „5 am Tag" Genießen Sie mindestens drei Portionen Gemüse und zwei Portionen Obst am Tag. Zur bunten Auswahl gehören auch Hülsenfrüchte wie Linsen, Kichererbsen und Bohnen sowie (ungesalzene) Nüsse.

Regel 8: Schonend zubereiten Garen Sie Lebensmittel so lange wie nötig und so kurz wie möglich, mit wenig Wasser und wenig Fett. Vermeiden Sie beim Braten, Grillen, Backen und Frittieren das Verbrennen von Lebensmitteln.

Regel 7: Am besten Wasser trinken Trinken Sie rund 1,5 Liter jeden Tag. Am besten Wasser oder andere kalorienfreie Getränke wie ungesüßten Tee. Zuckergesüßte und alkoholische Getränke sind nicht empfehlenswert.

Regel 4: Mit tierischen Lebensmitteln die Auswahl ergänzen Essen Sie Milch und Milchprodukte wie Joghurt und Käse täglich, Fisch ein- bis zweimal pro Woche. Wenn Sie Fleisch essen, dann nicht mehr als 300 bis 600 g pro Woche.

Regel 6: Zucker und Salz einsparen Mit Zucker gesüßte Lebensmittel und Getränke sind nicht empfehlenswert. Vermeiden Sie diese möglichst und setzen Sie Zucker sparsam ein. Sparen Sie Salz und reduzieren Sie den Anteil salzreicher Lebensmittel. Würzen Sie kreativ mit Kräutern und Gewürzen.

Regel 9: Achtsam essen und genießen Gönnen Sie sich eine Pause für Ihre Mahlzeiten und lassen Sie sich Zeit beim Essen.

Regel 5: Gesundheitsfördernde Fette nutzen Bevorzugen Sie pflanzliche Öle wie Rapsöl und daraus hergestellte Streichfette. Vermeiden Sie versteckte Fette. Fett steckt oft „unsichtbar" in verarbeiteten Lebensmitteln wie Wurst, Gebäck, Süßwaren, Fast-Food und Fertigprodukten.

Regel 1: Lebensmittelvielfalt genießen Nutzen Sie die Lebensmittelvielfalt und essen Sie abwechslungsreich. Wählen Sie überwiegend pflanzliche Lebensmittel.

Regel 3: Vollkorn wählen Bei Getreideprodukten wie Brot, Nudeln, Reis und Mehl ist die Vollkornvariante die beste Wahl für Ihre Gesundheit.

Functional Food

Ihre Stammkundin Frau Krause betritt den Laden und sieht das Angebotsschild „Heute: Leberwurst mit Omega-3-Fettsäuren". Etwas irritiert wendet sich Frau Krause an Sie: „Was soll denn das? Wozu soll das gut sein? Schmeckt diese Wurst anders als die normale Leberwurst?"

1 Ergänzen Sie den Lückentext unter Verwendung der unten stehenden Begriffe.

Functional Food sind Lebensmittel, die einen über ihren Nähr- und Genusswert hinausgehenden Nutzen für die Gesundheit aufweisen. Sie können gesundheitsfördernd bzw. krankheitsverhütend wirken. In Deutschland werden verschiedene Functional Food angeboten, z. B. Wurst und Backwaren mit Omega-3-Fettsäuren.

Wurst | Lebensmittel | Nutzen | krankheitsverhütend | Backwaren

2 Kreuzen Sie in der Tabelle an, ob es sich bei dem Lebensmittel jeweils um ein Functional Food handelt oder nicht.

Lebensmittel	Functional Food ja	Functional Food nein
ACE-Getränk (angereichert mit Vitamin A, C und E)	X	
Probiotischer Joghurtdrink (mit Milchsäurebakterien)	X	
Smoothies (fein pürierte Früchte in trinkbarer Form)		X
Kakao (angereichert mit Vitaminen und Calcium)	X	
Orangensaft (angereichert mit Calcium)	X	
Natives Olivenöl (reich an essenziellen Fettsäuren)		X
Joghurt (angereichert mit Ballaststoffen)	X	
Isotonische Getränke (angereichet mit Mineralstoffen)	X	
Fischstäbchen mit ungesättigten Fettsäuren		X
Joghurt mit Milchsäurebakterien	X	
Müsli (angereichert mit Ballaststoffen)	X	
Quarkspeise (angereichert mit Früchten)		X
Mineralwasser (angereichert mit Auszügen von grünem Tee)	X	
Limonade mit Kräuterauszügen	X	
Fleischwurst mit Bärlauch		X

3 Ordnen Sie den abgebildeten Lebensmitteln die entsprechenden ausgewählten Inhaltsstoffe zu, die einen Zusatznutzen aufweisen sollen.

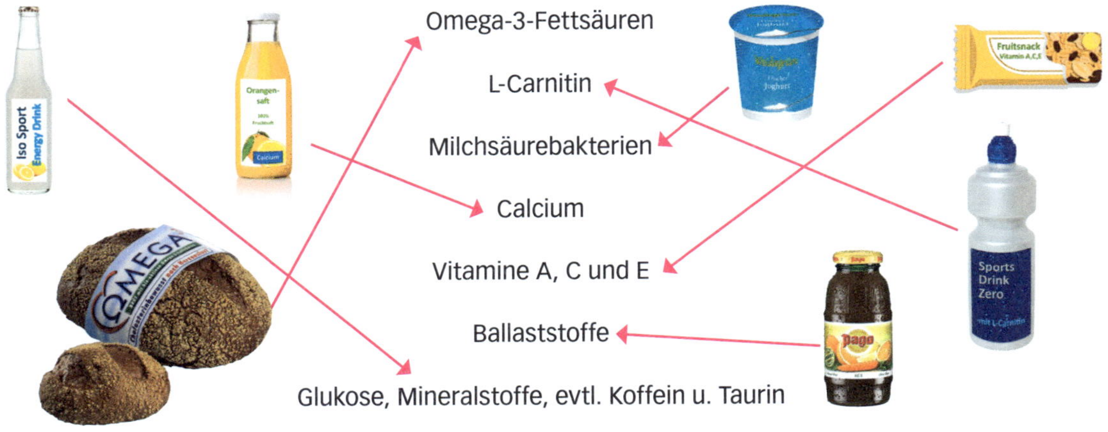

Name: Klasse: Datum:

Energiebedarf

Seit Beginn Ihrer Ausbildung haben Sie schon 3 kg abgenommen. Ihr Kollege dagegen nimmt ständig zu. Sie begründen Ihren Gewichtsverlust mit der Tatsache, dass Sie nun mehr körperliche Arbeit verrichten als in der Schule und sich Ihre Nahrungsaufnahme noch nicht angepasst hat.
Ihr Kollege dagegen findet es klasse, in der Frühstücks- und Mittagspause zu Personalpreisen alle Köstlichkeiten aus der kalten und warmen Theke essen zu können. Ihre Mitauszubildende Isabel erzählt, dass sie ihr Normalgewicht konstant hält.

1 Der Gesamtenergiebedarf eines Menschen setzt sich zusammen aus dem Grund- und dem Leistungsumsatz. Ordnen Sie die unten angegebenen Begriffe jeweils dem Grundumsatz und dem Leistungsumsatz zu.

■ Alter	■ Schwangerschaft
■ Geschlecht	■ Stillzeit
■ Körpergröße	■ Verdauungstätigkeit
■ Körpergewicht	■ Muskelarbeit
■ Körperoberfläche	■ Umgebungstemperatur
■ Schilddrüsenhormon	
■ Klima	
■ Krankheit	
■ Stress	

Umgebungstemperatur | Verdauungstätigkeit | Klima | Stress | Schilddrüsenhormon | Muskelarbeit | Alter | Körpergewicht | Krankheit | Stillzeit | Körperoberfläche | Schwangerschaft | Körpergröße | Geschlecht

2 Berechnen Sie mithilfe einer Nährwerttabelle, welche Lebensmittel Sie dem Energieverbrauch nach für die folgenden Freizeitaktivitäten essen könnten.

Freizeitaktivität			Energieverbrauch	Lebensmittel/Energiegehalt
	1 Stunde **Schwimmen**		2 350 kJ	z.B. 1 Tafel Schokolade
	1 Stunde **Fußball spielen**		3 200 kJ	z.B. 276 g Bockwurst
	1 Stunde **Tennis spielen**		1 500 kJ	z.B. 100 g Salami
	1 Stunde **Ski fahren**	6 km/h	2 760 kJ	z.B. 190 g Kotelett
		10 km/h	3 770 kJ	z.B. 302 g Bratwurst
	1 Stunde **Laufen**	9 km/h	2 510 kJ	z.B. 164 g Butterkuchen
	1 Stunde **Rad fahren**	10 km/h	700 kJ	z.B. 72 g Apfelstrudel
		20 km/h	1 950 kJ	z.B. 156 g Gouda

Kohlenhydrate

Sie unterhalten sich in der Pause mit Ihrer Mitschülerin über gesunde Ernährung und das leidige Thema „Abnehmen". Sie trinken gerade einen Frühstückssaft mit Ballaststoffen. Ihre Mitschülerin schaut sich die Flasche an und meint: „Machen Kohlenhydrate nicht dick?"

1 Die Abbildung zeigt, wie Kohlenhydrate aufgebaut werden (Fotosynthese). Ordnen Sie die unten angegebenen Begriffe korrekt zu.

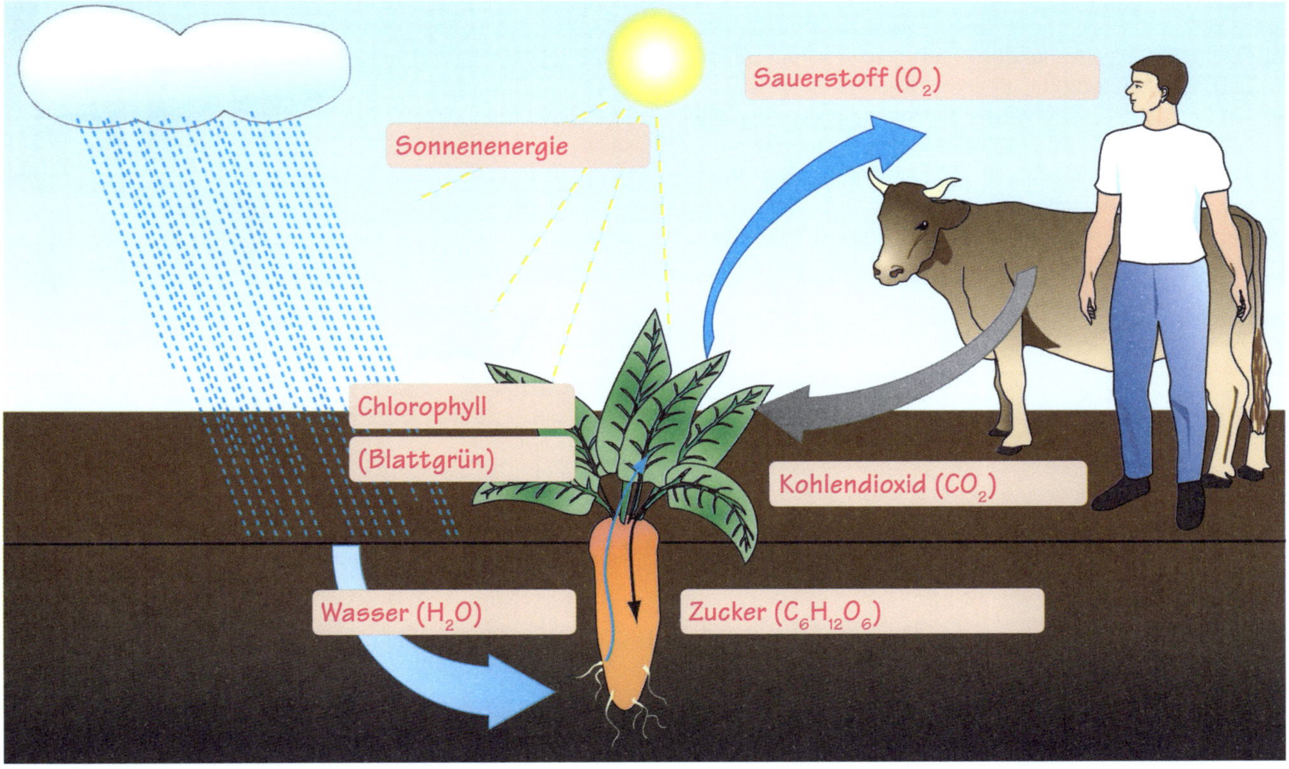

Kohlendioxid (CO_2) | Sauerstoff (O_2) | Chlorophyll (Blattgrün) | Sonnenenergie | Wasser (H_2O) | Zucker ($C_6H_{12}O_6$)

2 Kreuzen Sie in dieser Tabelle jeweils an, ob die Aussagen richtig oder falsch sind.

	richtig	falsch
Stärke ist die Kohlenhydrat-Speicherform der Pflanzen.	X	
Ballaststoffe sind wichtige Energielieferanten.		X
Kohlenhydrate haben einen höheren Energiegehalt als Fette.		X
Gehirn, Rückenmark und rote Blutkörperchen sind für die Energiegewinnung auf Glukose angewiesen.	X	
Glykogen wird beim Menschen in der Niere gespeichert.		X
Mindestens 20 % des täglichen Energiebedarfs sind durch Kohlenhydrate zu decken. Vorrangig sollten Lebensmittel mit Doppelzucker verzehrt werden.		X
Durch fleischeigene Enzyme und Mikroorganismen wird das Glykogen ohne Sauerstoff nach dem Schlachten zu einzelnen Traubenzuckerbausteinen abgebaut und anschließend in Milchsäure umgesetzt.	X	
Während Hunger- und Fastenzeiten sowie außergewöhnlichen Belastungen kann der Körper aus Eiweiß und Fett Energie gewinnen.	X	
Ballaststoffe erhöhen den Sättigungswert, vermindern die Darmpassagezeit, beeinflussen die Darmbakterien in ihrem Wachstum und erhöhen das Volumen bei der Stuhlbildung.	X	
Einfachzucker sind nicht wasserlöslich.		X

Name: Klasse: Datum:

Fette

Eine Kundin betritt den Laden und wünscht Schnitzel ohne Fettkante sowie Schinken ohne Fettrand, da sie viel Wert auf fettarme Ernährung legt. Leider führen Sie zurzeit nur Schinken mit Fettrand. Sie erläutern der Kundin, dass Sie gerne die Fettkante abschneiden kann, aber dass das Fett Geschmacksträger ist und wichtige Aufgaben im menschlichen Körper erfüllt.

1 Streichen Sie in den folgenden Aussagen die Begriffe durch, die Ihrer Meinung nach falsch sind.

a) Fett dient uns als Energielieferant, zur Wärmeisolation, ~~als Baustoff für Haare und Nägel~~ und als „Stoßdämpfer" unserer Organe.
b) Ein Neutralfett ist aufgebaut aus einem Glycerinbaustein, ~~einem Eiweißbaustein~~ und drei Fettsäuren.
c) Pflanzliche Fette sind ~~Butter,~~ Olivenöl, Erdnussfett und Kokosfett.
d) Tierische Fette sind Speck, Sahne, Schmalz ~~und Leinöl.~~
e) Ungesättigte Fettsäuren sind ~~Stearinsäure,~~ Linolsäure, Linolensäure und Ölsäure.
f) Fettbegleitstoffe sind: Cholesterin, Karotin, ~~Bakterien~~ und Lecithin.
g) Zu den fettlöslichen Vitaminen zählen wir Vitamin A, ~~Vitamin C,~~ Vitamin D und Vitamin E.

2 Tragen Sie in der Tabelle tierische und pflanzliche Fette ein.

Tierische Fette	Pflanzliche Fette
Butter, Butterschmalz	Kokosfett, Margarine, Olivenöl,
Schmalz , Sahne, Speck, Fischöl	Sonnenblumenöl, Erdnussfett
Talg	Rapsöl, Leinöl

3 Vervollständigen Sie die folgenden Sätze, bei denen es um die Abhängigkeit zwischen dem Aufbau der Fettsäure und dem Schmelzpunkt geht:

a) Je länger die Kohlenstoffkette, desto höher der Schmelzpunkt.

b) Je mehr Doppelbindungen, desto niedriger der Schmelzpunkt.

4 Ergänzen Sie den folgenden Lückentext zu den Aggregatzuständen bei Fetten und Ölen mit unten stehenden Wörtern.

Sind viele ungesättigte Fettsäuren an der Bindung mit Glycerol beteiligt, so benötigen die unzähligen Fettteilchen umso mehr Platz in einem Öl. Durch diesen Platzbedarf ist Öl bei Raumtemperatur flüssig. Die Fettteilchen mit gesättigten Fettsäuren benötigen nicht so viel Platz. Aus diesem Grund ist das Fett mit mehr gesättigten Fettsäuren bei Raumtemperatur fest.

Glycerol | fest | Raumtemperatur | gesättigten | ungesättigte | Platz

5 Lösen Sie folgendes Kreuzworträtsel. Das Lösungswort ergibt einen Fettbegleitstoff.

1 = Baustein des Neutralfetts						G	L	Y	C	E	R	O	L				
2 = Kohlenstoffkette mit Carboxylgruppe am Ende						F	E	T	T	S	Ä	U	R	E			
3 = tierisches Fett				S	P	E	C	K									
4 = zweifach ungesättigte Fettsäure						L	I	N	O	L	S	Ä	U	R	E		
5 = gesättigte Fettsäure						S	T	E	A	R	I	N	S	Ä	U	R	E
6 = tierisches Öl			F	I	S	C	H	Ö	L								
7 = anderes Wort für „unentbehrlich"	E	S	S	E	N	Z	I	E	L	L							
8 = pflanzliches Öl				L	E	I	N	Ö	L								

Eiweiß

Sie besuchen in Ihrer Freizeit ein Fitnessstudio. Dort bekommen Sie heute einen Eiweiß-Drink zum Muskelaufbau angeboten. Ihre Freundin meint: „So ein Quatsch. Den brauchst du doch nicht. Die darin enthaltene Menge an Eiweiß kannst du gar nicht in Muskelmasse umsetzen. Das schädigt nur die Nieren.“ Sie sind verunsichert.

1 In welchen Bestandteilen des menschlichen Körpers sind Eiweiße enthalten? Nennen Sie Beispiele.

Haare, Fingernägel, Knochen, Hormone, Enzyme, Haut, Muskelfasern, Bindegewebe, Zellen

2 Sortieren Sie die abgebildeten Lebensmittel nach tierischen Eiweißen und pflanzlichen Eiweißen. Ergänzen Sie dazu die Tabelle.

Tierische Eiweiße
Fleisch, Wurst, Geflügel, Wild
Fisch, Schalen- und Krustentiere
Ei und Eiprodukte
Milch und Milchprodukte
Pflanzliche Eiweiße
Teigwaren, Brot
Getreide, besonders Haferflocken
Hülsenfrüchte, Sojaprodukte
Nüsse

3 Ordnen Sie mithilfe von Verbindungspfeilen den links aufgeführten Begriffen die entsprechenden Aufgaben im menschlichen Körper zu.

Muskel	Träger der Erbinformation
Blutfarbstoff	körpereigene Abwehr durch Proteine
Antikörper	Strukturprotein
„Nervenimpulse“	Speicherprotein
DNS	Transportprotein
Eisenspeicher	Übertragungsstelle von Nervenimpulsen

- Muskel → Strukturprotein
- Blutfarbstoff → Transportprotein
- Antikörper → körpereigene Abwehr durch Proteine
- „Nervenimpulse“ → Übertragungsstelle von Nervenimpulsen
- DNS → Träger der Erbinformation
- Eisenspeicher → Speicherprotein

4 Ergänzen Sie den folgenden Lückentext mit den unten angegebenen Begriffen.

Proteine sind sehr große Moleküle, deren kleinste Einheit die unterschiedlichen Aminosäuren darstellen. Ein Teil der Aminosäuren ist für den menschlichen Körper unentbehrlich. Sie werden auch essenzielle Aminosäuren genannt. Der Unterschied zu Fetten und Kohlenhydraten besteht darin, dass Aminosäuren neben den Elementen Kohlenstoff (C), Wasserstoff (H) und Sauerstoff (O) auch noch die Elemente Stickstoff (N) und Schwefel (S) enthalten.

Aminosäuren | Fetten | Kohlenstoff | Moleküle | essenzielle | Wasserstoff | Schwefel | Kohlenhydraten | Stickstoff | Sauerstoff

5 Ist der Eiweißdrink zum Muskelaufbau sinnvoll/notwendig?

ja ▶

nein ▶ X

Name: Klasse: Datum:

Vitamine

Eine Stammkundin betritt die Fleischerei und bestellt bei Ihnen für den Grillabend Wurst- und Fleischartikel: „Wenn meine Gäste nicht wären, würde ich gar kein Fleisch mehr kaufen, so ungesund, wie das ist." Erklären Sie ihr, wie wertvoll Fleisch ist und welche lebensnotwendigen Vitamine Fleisch enthält.

1 Tragen Sie zu den entsprechenden Abbildungen die unten genannten Vitamine ein, die jeweils in diesen Lebensmitteln enthalten sind.

Lebensmittel	Vitamine
Leber 	A, K, B_1, B_2, B_6, B_{12}
Eigelb 	A, E, B_{12}
Muskelfleisch 	B_1, B_2, B_6, B_{12}, Niacin, Pantothensäure
Butter 	A, D
Milch 	A, K, B2, B12, Pantothensäure
Fisch 	D, B_2, B_{12}, Niacin
Gemüse 	A (Vorstufe Carotin), B_2, B_6, K, Folsäure
Hülsenfrüchte 	Folsäure, Pantothensäure
Obst 	C
Getreideprodukte 	B_1, B_6, Folsäure, Niacin

A | A (Vorstufe Carotin) | C | D | E | K | B_1 | B_2 | B_6 | B_{12} | Folsäure | Niacin | Panthothensäure

2 Ordnen Sie die unter 1. angegebenen Vitamine nach fettlöslichen und wasserlöslichen Vitaminen.

Fettlösliche Vitamine	A, E, D, K
Wasserlösliche Vitamine	C, B1, B2, B6, B12, Folsäure, Niacin, Pantothensäure

3 Streichen Sie die Falschaussagen im nachfolgenden Text.

Der Mensch muss Vitamine mit der Nahrung aufnehmen. ~~Es wird eine ausreichende Menge an Vitaminen vom Körper gebildet.~~ Die wasserlöslichen Vitamine müssen stetig dem Körper zugeführt werden, da er sie nicht lange speichern kann. Bei den fettlöslichen Vitaminen ergibt sich der Vorteil, dass sie für längere Zeit im Fettgewebe des Körpers gespeichert werden können. Auch im tierischen Fettgewebe können fettlösliche Vitamine gespeichert werden. ~~So können wir Vitamin C über die Leber von Tieren aufnehmen.~~ Einen erhöhten Bedarf an Vitaminen haben Schwangere, Stillende und kranke Menschen. ~~Dagegen haben Kinder und Jugendliche im Wachstum sowie ältere Menschen einen geringeren Bedarf an Vitaminen. Vitamine sind unempfindliche Stoffe, die nicht vor Hitze, Licht und Sauerstoff geschützt werden müssen.~~ Darüber hinaus sind Vitamine in der Lebensmitteverarbeitung unentbehrlich. Vitamin C wird als Stabilisator, Anti-Oxidationsmittel und Geschmackszusatz eingesetzt. ~~Vitamin E wird als Geschmackszusatz und Carotinoide werden als Anti-Oxidationsmittel eingesetzt.~~

Mineralstoffe

Eine Mitschülerin von Ihnen schläft fast immer im Unterricht ein. Der Politik-Lehrer reagiert verärgert. Als sie auch im Fachunterricht einschläft, meint der Fachlehrer: „Gehe doch mal zum Arzt und lass deine Blutwerte untersuchen. Vielleicht leidest du unter Eisenmangel."

1 Wenn dem Körper zu wenig Mineralstoffe zugeführt werden, können sich hieraus Mangelerscheinungen entwickeln. Geben Sie an, welche Mineralstoffe an den entsprechenden Organen/Körperregionen zu welchen Mangelerscheinungen führen können.

Eisen;
Blutarmut und Müdigkeit

Kalium;
Muskelschwäche und Funktionsstörung des Herzens

Magnesium;
Muskelkrämpfe

Calcium;
Knochenschwund und Muskelkrämpfe

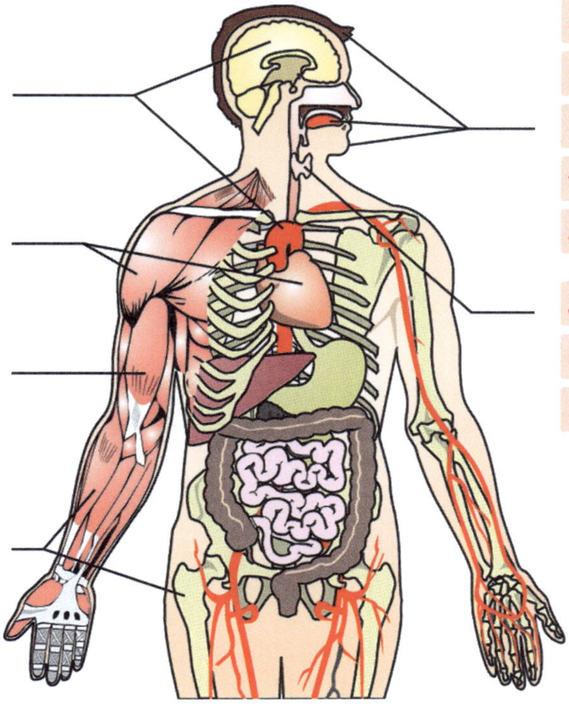

Zink;
gestörte Geschmacksempfindung, Haarausfall, Hautentzündung, Wachstumsstörung, Durchfall, gestörte Wundheilung

Jod;
Schilddrüsenunterfunktion und Kropf

2 Fügen Sie die Satzteile mithilfe von Verbindungslinien so zusammen, dass fachlich korrekte Aussagen entstehen.

1 Wie die Vitamine, so sind auch die Mineralstoffe lebensnotwendig, …

2 Die Mineralstoffe haben wichtige Funktionen im Körper und …

3 Natrium reguliert zusammen mit …

4 Calcium und Phosphor fungieren als …

5 Besonders wenn wir stark schwitzen, unter anhaltenden Durchfällen leiden, besondere Medikamente einnehmen oder uns einseitig ernähren, …

6 So wird unser Gehirn mit Sauerstoff versorgt und …

7 Hierdurch kann Sauerstoff im menschlichen Körper …

8 Durch Eisen kann der …

… transportiert werden.

… Baustoffe für Knochen und Zähne.

… Chlorid den Wasserhaushalt.

… da sie vom Körper nicht selbst gebildet werden.

… Blutfarbstoff Hämoglobin gebildet werden.

… wir ermüden nicht so schnell.

… sind Baustoffe und Reglerstoffe.

… müssen wir auf eine entsprechend erhöhte Zufuhr an Mineralstoffen achten.

Name: Klasse: Datum:

5 Biologische Wertigkeit

Eine Kundin betritt das Fleischereifachgeschäft und möchte ein Rindersteak kaufen. Sie meint zur Auszubildenden Yvonne: „Eigentlich wollte ich ja auf Fleisch verzichten, aber mein Hausarzt meint, dass Fleisch für meinen Eiweißhaushalt gut ist. Rindfleisch hat eine besonders hohe biologische Wertigkeit."

1 Führen Sie folgende Berechnungen durch.

1.1 Berechnen Sie den Anteil Körpereiweiß, den ein Mensch aus einem Stück Rindersteak von 180 g gewinnen kann, wenn das Fleisch einen Eiweißgehalt von 21 % und eine biologische Wertigkeit von 87 % hat.

100 % = 180 g   x = 37,8 g
21 % = x
100 % = 37,8 g Eiweiß   x = 32,9 g
87 % = x

Aus einem Stück Rindersteak von 180 g kann der menschliche Körper 32,9 g körpereigenes Eiweiß aufbauen.

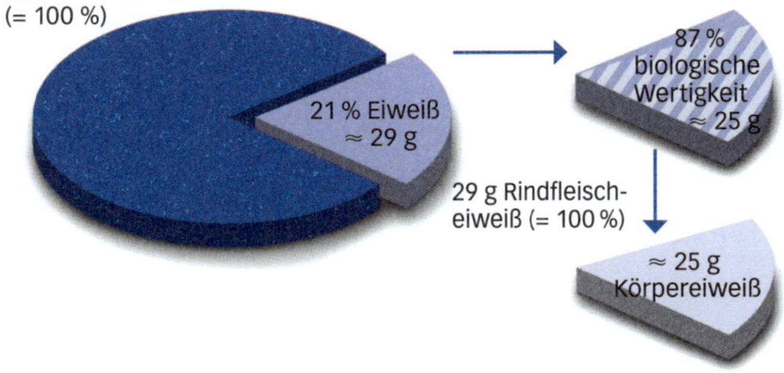

1.2 Berechnen Sie den Anteil Körpereiweiß, den ein Mensch aus einer Portion Rührei aus vier mittelgroßen Eiern (ein Ei wiegt ca. 60 g) gewinnen kann, wenn das Ei einen Eiweißgehalt von 12,9 % und eine biologische Wertigkeit von 94 % hat.

100,00 % = 240 g   x = 30,96 g
12,90 % = x
100,00 % = 30,96 g   x = 29,1 g
94,00 % = x

Aus einer Portion Rührei kann der Mensch 29,1 g körpereigenes Eiweiß aufbauen.

2 Ergänzen Sie den Lückentext mit den unten angegebenen Begriffen:

Der Mensch muss 9 essenzielle (unentbehrliche) Aminosäuren täglich aufnehmen, damit er eine entsprechende Menge körpereigenes Eiweiß aufbauen kann. Da jedes Lebensmittel eine unterschiedliche Menge und Zusammensetzung an Aminosäuren besitzt und damit auch eine unterschiedliche biologische Wertigkeit, ist es sinnvoll, verschiedene Lebensmittel mit einer unterschiedlichen biologischen Wertigkeit zusammen in einer Mahlzeit zu essen. Dadurch kann sich die biologische Wertigkeit weiter erhöhen, da sich hier die einzelnen Aminosäuren positiv ergänzen können.

Aminosäuren | biologische Wertigkeit | Mahlzeit | Eiweiß | essenzielle | Lebensmittel

3 Kombinieren Sie beispielhaft mindestens zwei verschiedene eiweißreiche Lebensmittel zu einer sinnvollen Mahlzeit, um die biologische Wertigkeit zu maximieren.

Grundbestandteile:
Getreideerzeugnisse (möglichst aus Vollkorn), Milch, Fleisch, Fisch oder Ei

Milchreis mit Apfelmus, Pellkartoffeln mit Matjes, Käsebrötchen mit Eischeiben belegt, Thunfischpizza, Kartoffelpüree und Bratwurst

Verdauung I

Ihre Freundin Julia berichtet, dass ihr Vater nach dem Verzehr von Hülsenfrüchten über Beschwerden klage, während ihr selbst der Genuss gar nichts ausmache.

1 Definieren Sie „Verdauung". Nutzen Sie hierzu die angegebenen Schlagworte und setzen Sie diese zu einer richtigen Aussage zusammen.

Durch Verdauungsvorgänge findet im Körper eine Zerlegung der Nahrung in kleinste Bausteine statt, damit es zu einer Aufnahme dieser Bausteine im Körper kommen kann.

Bausteine | Körper | Nahrung | Verdauungsvorgänge | Zerlegung | Aufnahme

2 Beschriften Sie die Abbildung mit den einzelnen am Verdauungsprozess beteiligten Organen. Nehmen Sie unten aufgeführte Begriffe zu Hilfe.

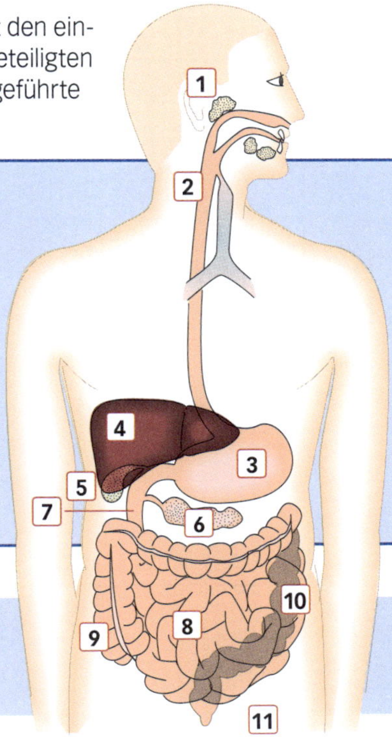

1	*Speicheldrüse*
2	*Speiseröhre*
3	*Magen*
4	*Leber*
5	*Gallenblase*
6	*Bauchspeicheldrüse*
7	*Zwölffingerdarm*
8	*Dünndarm*
9	*Blinddarm*
10	*Dickdarm*
11	*Enddarm*

Magen | Speiseröhre | Enddarm | Zwölffingerdarm | Dickdarm | Gallenblase | Blinddarm | Leber | Dünndarm | Speicheldrüse | Bauchspeicheldrüse

3 Bei der Verdauung werden die einzelnen Nährstoffe in ihre kleinsten Bestandteile zerlegt. Benennen Sie die Bestandteile der folgenden Nährstoffe:

- Kohlenhydrate: *Einfachzucker*
- Fette: *Glycerin* und *Fettsäure*
- Eiweiße: *Aminosäuren*

4 Im folgenden Lückentext fehlen die Angaben der einzelnen Verdauungsorgane. Setzen Sie diese an entsprechender Stelle ein.

Im *Mund* zerkleinern die Zähne die Nahrung mechanisch. Die hierdurch freigesetzten Geschmacks- und Aromastoffe regen die *Speicheldrüse* zur Speichelbildung an. Der so entstandene Nahrungsbrei kann nun besser durch die *Speiseröhre* gleiten. *Die Speiseröhre* ist ein ca. 20–25 cm langer Schlauch, der vom Rachenraum in den *Magen* führt. Die im *Magen* produzierte Magensäure hilft dabei, die Nahrung weiter zu zersetzen. Nur portionsweise gelangt die so bearbeitete Nahrung weiter durch den *Magenpförtner* in den *Zwölffingerdarm*. Der *Zwölffingerdarm* ist der obere Teil des *Dünndarms*. In diesen mündet der Gallenausgang. Durch den Gallenausgang gelangt die

Name: Klasse: Datum:

Gallenflüssigkeit aus der Gallenblase in den Zwölffingerdarm. Aber nicht nur die Gallenflüssigkeit, sondern auch der Bauchspeichel aus der Bauchspeicheldrüse gelangt in diesen Darmabschnitt. Im Dünndarm werden weitere Verdauungssäfte produziert. Hier wird die Zerlegung der Nährstoffe in die kleinsten Bausteine abgeschlossen, sodass diese über die Dünndarmwand resorbiert werden können. Am Ende der Verdauung steht die Ausscheidung der unverdaulichen Nahrungsbestandteile, nachdem im Dickdarm das Wasser aus dem Nahrungsbrei entzogen wurde.

5 Lösen Sie folgendes Kreuzworträtsel.

6	GALLE
3	BAUCHSPEICHELDRÜSE
8	BALLASTSTOFFE
4	SPEISERÖHRE
10	VERDAUUNGSSÄFTE
1	ZWÖLFFINGERDARM
5	LEBER
7	ENDDARM
9	WASSER
12	EINFACHZUCKER
11	FETTSÄURE
13	AMINOSÄUREN
2	MAGEN

1 Teil des Dünndarms
2 „Vorratsbehälter" für Speisen im Körper
3 In diesem Organ wird Insulin produziert
4 Bezeichnung für den 20-25 cm langen Schlauch zwischen Rachenraum und Magen
5 Organ zur Entgiftung des Körpers
6 Organ, das einen fettspaltenden „ Saft" speichert
7 Ausscheidungsorgan
8 Stoffe, die die Ausscheidung erleichtern
9 Dieser Stoff wird dem Nahrungsbrei im Dickdarm entzogen.
10 Flüssigkeiten, die bei der Zersetzung der Nahrung benötigt werden.
11 Entsteht beim Abbau von Fetten
12 Entsteht beim Abbau von Kohlenhydraten
13 Entstehen beim Abbau von Eiweiß

6 Kreuzen Sie jeweils an, ob folgende Aussagen richtig oder falsch sind.

	richtig	falsch
Der Stoff, der von einem Enzym auf- oder abgebaut wird, heißt Substrat.	X	
Die Enzymaktivität ist nicht von der Temperatur abhängig.		X
Beim Kochvorgang werden Enzyme zerstört bzw. denaturiert.	X	
Feuchtigkeit begünstigt die Enzymtätigkeit.	X	
Durch Salzen (z.B. beim Pökeln) steigt die Enzymaktivität.		X

Ernährungsverhalten

Benjamins Freundin Aishe regt sich darüber auf, dass es an seinem Geburtstag nur Salami-Pizza mit Schweinefleisch gegeben hat. Sie hatte den ganzen Abend Hunger. Benjamin hingegen konnte es nicht verstehen, dass sie nicht einmal diese Salami mitessen kann.

1 Ordnen Sie die beschriebenen Situationen den in der Tabelle vorgegebenen Anlässen zum Essen richtig zu. Finden Sie zu jedem Anlass jeweils noch eine weitere Situation.

1. Nach dem Abendessen setzt sich Angelika mit Chips und Salzstangen auf das Sofa.
2. Petra wurde von ihrem Freund verlassen und bestellt sich in der Konditorei zwei Stück Sahnetorte.
3. Josha hat eine Fünf in Mathe geschrieben und kauft sich am Kiosk erst einmal eine bunte Tüte.
4. Bei der Hochzeitsfeier essen Maike und ihre Freundin trotz Diät von der Hochzeitstorte.
5. Burkhard hat nach der Schule Hunger und kauft sich am Imbiss eine Portion Pommes.
6. Sabine hat Oma beim Fensterputzen geholfen, dafür bekommt sie von ihr einen Beutel Gummibären, die sie sofort verspeist.
7. Frauke hat endlich ihre Steuererklärung fertig gemacht und gönnt sich eine Tafel Schokolade.
8. In der Mittagspause kommt ein Maurer in die Fleischerei und bestellt sich aus der Heißen Theke ein paniertes Schnitzel mit Kartoffelsalat.
9. Guido wollte mit seinem Freund ins Schwimmbad, leider ist sein Freund krank geworden. Nun sitzt Guido mit seiner Lieblingspizza vor dem Computer.
10. Die Eltern haben keine Zeit für Laura, sie bekommt aber zwei Donuts, die sie am Nachmittag alleine isst.

Essen zur Belohnung	6, 7	■
Essen aus gesellschaftlichem Anlass	4	■
Essen, um zu leben	5, 8	■
Essen aus Langeweile	1, 9	■
Essen als Trost / aus Kummer	2, 3, 10	■

2 Ernährungsverhalten wird oft schon in der Kindheit geprägt und lässt sich nur schwer im Erwachsenenalter korrigieren. Die im Folgenden beschriebenen Personen haben ein falsches Ernährungsverhalten. Welche Tipps können Sie ihnen geben, um das Ernährungsverhalten doch noch zu verändern?

a) Svenja ist vom Fahrrad gefallen und bekommt statt tröstender Worte Süßigkeiten von der Mutter, die es eilig hat und schnell mit der Hausarbeit weitermachen möchte.

Die Mutter sollte nicht mit Süßigkeiten trösten, sondern das Kind in den Arm nehmen. Ist ein Kind es gewöhnt sich auch in anderen Situationen nur mit Süßigkeiten beruhigen zu lassen, sollte man es bewusst ablenken, ein anderes Spiel spielen, einen Ortswechsel vornehmen oder andere Sachen zur Beschäftigung schenken z.B. ein Buch.

b) Pia hat ihre Untersuchung bei der Kinderärztin tapfer ohne zu weinen gemeistert. Von der Ärztin bekommt sie einen Lolli zur Belohnung, den sie sofort isst.

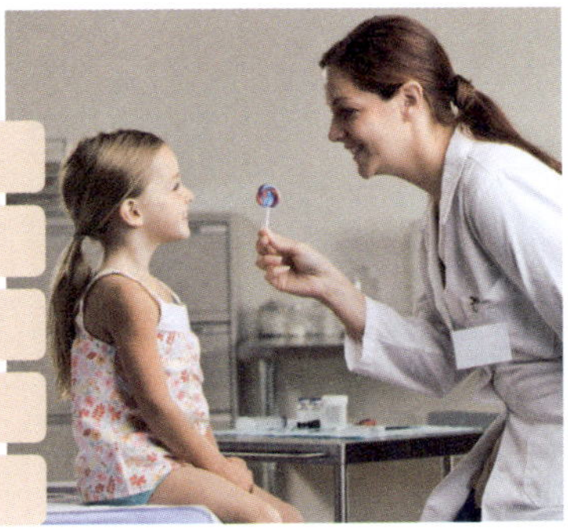

Wenn es zur Belohnung Süßigkeiten gibt, sollte das Einteilen geübt werden. Es gibt auch andere Belohnungsmöglichkeiten, z.B. ein neues T-Shirt, ein neues Buch, einen Ausflug mit Oma und Opa... Belohnungen oder Bestrafungen durch Nahrungsmittel verhindern immer eine gesunde Einstellung zum Sättigungsgefühl.

Name: Klasse: Datum:

Der gichtgeplagte Herr Schulze kommt in Ihre Fleischerei und möchte wissen, welche Produkte er aus der Fleischtheke bedenkenlos essen kann, um nicht wieder einen schmerzhaften Gichtanfall zu bekommen.

1 Ordnen Sie die folgenden ernährungsmitbedingten Erkrankungen entweder der Ursache des Nährstoffüberangebotes oder der Ursache des Nährstoffmangels zu.

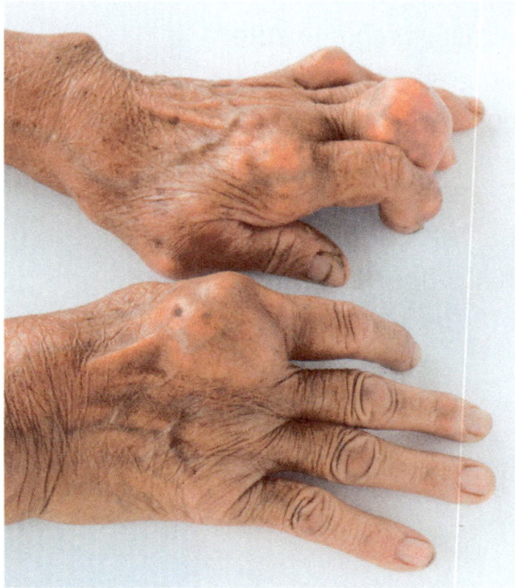

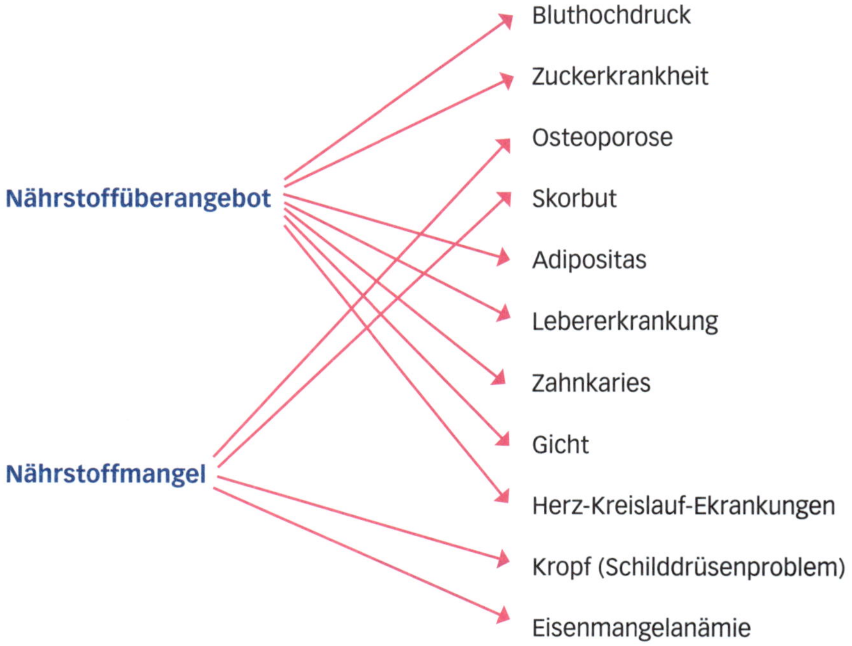

2 Füllen Sie folgende Tabelle zur Krankheit „Gicht" stichwortartig aus. Sie können dabei die unten angegebenen Stichwörter benutzen.

Beschreibung der Krankheit	Ursachen der Krankheit	Folgen der Krankheit	Allgemeine Ernährungsempfehlungen	Regeln für die Ernährung
- erhöhte Harnsäurekonzentration im Blut - es wird weniger Harnsäure ausgeschieden als gebildet bzw. zugeführt wird	- genetisch bedingte Stoffwechselstörung - begünstigt durch Fehlernährung und Übergewicht - übermäßiger Verzehr von purinreichen Lebensmitteln wie z.B. Fleisch und Hülsenfrüchten	- Harnsäurekristalle lagern sich in Gelenken, Ohrmuscheln und Nieren ab - Harnsäurekristalle verursachen Gelenkentzündungen - Gichtanfall = schmerzhafte Schwellungen an den Gelenken	- falls Übergewicht vorliegt, dies senken - Vorsicht! Diät kann Gichtanfall auslösen - Ziel: Normalisierung des Harnsäurespiegels	- purinarme Kost - nur 1x am Tag Wurst oder Fleisch - keine Innereien - wenig Hülsenfrüchte und Kohl - viel Milch und Milchprodukte - wenig Alkohol u. möglichst kein Bier - viel Wasser (mind. 2 l pro Tag)

Stoffwechselstörung | Harnsäurekristalle | Übergewicht | Harnsäurekonzentration | purinarme Kost | Gichtanfall | purinreiche Kost | Gelenke | Schwellmagen

Technologische Bedeutung von Eiweiß

Sie sollen einem Kunden erklären, warum Wurstwaren aufgrund der darin enthaltenen Eiweißstoffe die notwendige Festigkeit erhalten.

1 Neben ihrer Struktur werden die Eiweiße auch hinsichtlich der Löslichkeit in reinem Wasser unterschieden. Finden Sie in diesem Buchstabensalat die Proteine heraus (senkrecht, waagerecht und diagonal) und ordnen Sie diese nach ihrer Löslichkeit in neben stehende Tabelle ein.

F	M	E	L	A	S	T	I	N	E	K	A	H	V	E	R	S	T
O	G	M	I	B	C	E	C	K	N	O	L	U	E	I	M	T	R
H	L	U	E	S	H	M	Y	O	G	L	O	B	I	N	U	M	Y
L	O	T	B	T	N	A	R	R	K	L	M	S	L	P	O	N	Z
C	B	M	Y	O	G	E	N	E	N	A	I	C	H	E	M	I	E
K	U	D	N	E	R	L	A	T	A	G	N	H	T	L	Y	P	I
L	L	O	X	Y	E	I	K	R	T	E	I	W	I	R	O	T	S
B	I	L	L	E	T	S	T	A	T	N	U	E	L	A	S	I	P
A	N	S	T	U	R	M	I	E	L	E	M	I	P	L	I	M	G
L	E	B	E	T	I	V	N	I	R	G	E	N	D	B	N	H	E
A	N	H	Ä	M	O	G	L	O	B	I	N	E	Y	U	E	T	N
N	I	E	D	E	L	B	A	N	U	L	L	R	N	M	P	L	M
D	R	S	K	E	R	A	T	I	N	E	N	E	S	I	A	N	A
U	G	N	A	R	U	L	N	T	I	L	E	Y	I	N	L	O	N
L	E	B	E	N	S	M	I	T	T	E	X	L	N	E	S	P	U

Wasserlösliche Proteine (Globuläre Eiweiße)
Albumin
Globulin
Myogen
Hämoglobin
Myoglobin

(Fibrilläre Eiweiße)
Aktin
Myosin
Kollagen
Elastin
Keratin

2 In der Fleischerei wird die Eigenschaft des Denaturierens von Eiweiß bewusst ausgenutzt. Was bedeutet Denaturieren?

Denaturierung (auch Gerinnung) bezeichnet eine strukturelle Veränderung von Proteinen, die in den meisten Fällen mit einem Verlust der biologischen Funktion dieser Moleküle verbunden ist.

3 Bei welchen drei Herstellungsprozessen in der Fleischerei ist die Denaturierung besonders wichtig? Begründen Sie dies jeweils mit einem Beispiel.

1 Brühwurstherstellung
➧ Gerinnung durch Wärme von über 65 °C

2 Rohwurstherstellung
➧ Denaturierung durch Salz, Wasserentzug und Milchsäure

3 Kochwurstherstellung
➧ Verleimung und Gerinnung der Schwarten und Blut durch Wärme

4 Durch welche Vorgänge, außer die in Aufgabe 3 genannten, können Eiweiße denaturieren?

Denaturierung durch energiereiche Strahlung
➧ UV-Licht, Mikrowellen
Denaturierung durch Ethanol
➧ 50-70%iges Ethanol zerstört die Membranproteine ➧ Zellen platzen
Denaturierung durch niedrige Temperaturen
➧ durch Wasserkristallisierung werden die Eiweißstrukturen zerstört

Name: Klasse: Datum:

Aufbau des Muskels

Auf dem Schlachthof sieht Ihr Mitauszubildender noch die reflexartigen Bewegungen der Extremitäten von geschlachteten Tieren.

1 In welche beiden Gruppen lassen sich die Muskeln einteilen? Nennen Sie jeweils Beispiele dafür.

- unwillkürliche Muskeln ➔ Blutgefäßsystem, Muskeln des Magen-Darm-Kanals
- willkürliche Muskeln ➔ Gewebesystem des Körpers

2 Beschriften Sie den Aufbau des Muskelfleisches.

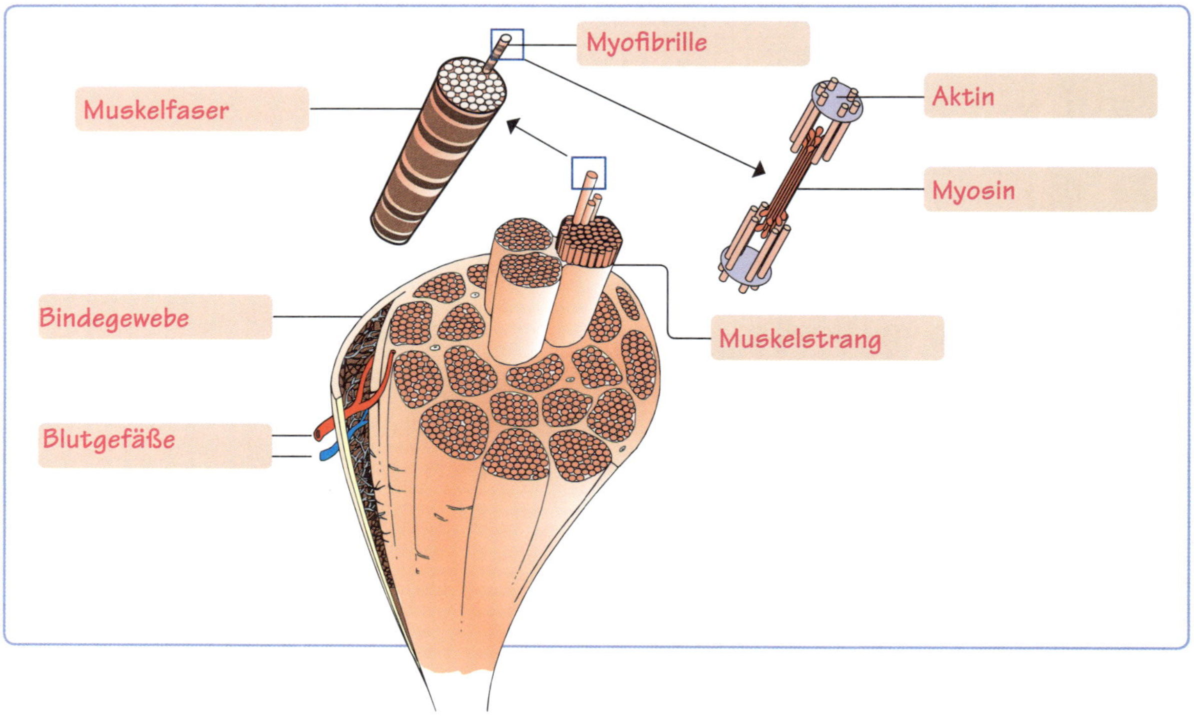

3 Welche Bedeutung haben das Aktin und das Myosin innerhalb des Muskelapparates?

Aktin:
- ist ein Strukturprotein
- bildet zusammen mit dem Myosin die Filamente
- ist mit dem Myosin Bestandteil des Kontraktionsapparates innerhalb der Muskulatur

Myosin:
- ist ein wesentlicher Bestandteil im Muskel
- ist mit dem Aktin an der Bewegung des Muskels beteiligt

4 Was versteht man unter Muskelkontraktion?

Kontraktion = Verkürzung des Muskels durch Zusammenziehen

Durch einen Nervenimpuls wird in der Myofibrille ein mechanischer Vorgang ausgelöst. Dabei schieben sich das Myosin und Aktin ineinander und der Muskel zieht sich zusammen.

Die dazu notwendige Energie wird durch das ATP zur Verfügung gestellt, welches bei der Kontraktion zu ADP abgebaut wird. Danach erschlafft der Muskel.

Werbung in der Fleischerei

Die Fleischerei kann auf Werbung nicht mehr verzichten, wenn sie die Kunden erreichen möchte.
Die Aufgabe der Werbung ist es, gezielt über das Angebot der Fleischerei zu informieren und entsprechende Kaufanreize auf die Kundschaft auszuüben.

1 Nach welchen Grundsätzen sollte die Werbung in der Fleischerei realisiert werden?

- sie sollte ehrlich, redlich und wahr sein
- Klarheit widerspiegeln
- kurz und aktuell sein
- gezielt und planmäßig angewandt werden
- gewissenhaft und respektvoll gegenüber dem Kunden sein
- sie muss gesetzlich zulässig sein
- sie darf die wirtschaftlichen Aspekte nicht außer Acht lassen

2 Welche allgemeinen Grundsätze sind bei der Anfertigung dieses Plakates nicht berücksichtigt worden?

- sehr unübersichtlich
- zu viele Informationen
- das Angebot tritt nicht in den Vordergrund

3 Gegen welche gesetzlichen Vorschriften wurde im Plakat verstoßen?

1. UWG § 3, 4
   Herabsetzen der Konkurrenz
2. LFGB § 11, 35
   Verbote zum Schutz der Täuschung
3. PAngV § 1, 2, 4
   Gewichtsangaben des Grundpreises in kg oder 100 g

4 Fertigen Sie ein Plakat mit dem gleichem Werbezweck an.
Berücksichtigen Sie die Grundsätze sowie die gesetzlichen Bestimmungen.

Name: Klasse: Datum:

Der Chef erzählt Ihnen: „Henry Ford sagte einmal sinngemäß: Wer kein Geld für Werbung ausgeben will, kann auch die Uhr anhalten, um Zeit zu sparen."

1 Werbung gehört zur Kommunikationspolitik und ist damit Bestandteil des Marketings. Nennen Sie Vor- und Nachteile der Werbung und stellen Sie diese in einer Tabelle gegenüber.

Vorteile	Nachteile
▪ Information für die Verbraucher	▪ kostenintensiv
▪ Markttransparenz	▪ kein direkt messbarer Erfolg
▪ Steigerung des Wettbewerbs	▪ Verleiten zu unkritischem Verbraucherver-
▪ Steigerung des Bekanntheitsgrads	halten
▪ Steigerung des Umsatzes	

2 Entwerfen Sie ein innovatives Firmenlogo für Ihren Ausbildungsbetrieb.

individuelle Lösung

3 Im Folgenden sind die Schritte eines Verkaufsgesprächs durcheinandergeraten. Sortieren Sie diese in einer sinnvollen Reihenfolge.

▪ In angemessener Lautstärke deutlich den Gesamtbetrag nennen und kassieren.	8
▪ Die Reihenfolge beim Einpacken der Ware richtet sich nach der Konsistenz und der Empfindlichkeit gegenüber mechanischen Einflüssen.	7
▪ Der Verabschiedungsgruß sollte der Tageszeit und den regionalen Gepflogenheiten entsprechen.	10
▪ Zur Ware den Kassenbon aushändigen.	9
▪ Zusatzverkäufe ergeben einen höheren Umsatz und stellen eine Serviceleistung dar.	5
▪ Eine Zubereitungs- oder Verzehrempfehlung gehört zu einer umfassenden Kundenberatung.	4
▪ Zur Ermittlung des Kaufwunsches bietet sich eine anregende Frage an (z.B. „Was darf ich Ihnen anbieten?")	2
▪ Bietet die Verkäuferin dem Kunden zu viele Waren an, kann dies die Wahl des Kunden erschweren.	3
▪ Bei der Begrüßung sollte die Tageszeit und die regionale Gepflogenheit berücksichtigt werden. Wenn ein Kunde bekannt ist, sollte dieser mit Namen bei der Begrüßung angesprochen werden.	1
▪ Beim Abwiegen der Ware kann der Kunde geschickt positiv beeinflusst werden – zuerst immer weniger Aufschnitt als verlangt auf die Waage legen und dann entsprechende Scheiben nachlegen. Der Kunde hat das Gefühl, mehr für sein Geld zu bekommen.	6

Komplexe Aufgabe zur Prüfungsvorbereitung

Im ZDF-Magazin Frontal 21 wurden Testkäufer gezeigt, die in verschiedenen Bereichen des Lebensmittelverkaufs (Imbiss, Bäckerei, Snackverkauf, Restaurant und Fleischerei) u.a. nach Inhaltsstoffen, Zusatzstoffen, Nährwertgehalten, gesundheitlichen Unbedenklichkeiten fragten und nur falsche, gar keine oder nur sehr unzureichende Antworten erhielten.
Können Sie zu allen Bereichen richtige Antworten geben?

Der deutsche Verbraucher gibt von seinem Einkommen im Vergleich zu seinen europäischen Nachbarn das wenigste Geld für Lebensmittel aus. Seit Jahren sind die Umsätze der Discounter auf Wachstumskurs und die des Lebensmitteleinzelhandels sowie die der Fleischereien rückläufig. Was kein Discounter leisten kann, sind Antworten auf komplexe Kundenfragen.
Darin liegt einerseits die Stärke des Verkaufspersonals, sichert aber auch andererseits die Existenz der Fleischereien und den Arbeitsplatz von Verkaufspersonal.
Beantworten Sie folgende Kundenfragen:

1 In der DGE-Lebensmitteleinteilung wird Wurst gleichgestellt mit Eiern, Sahne, Speck. Ist diese Gleichstellung gerechtfertigt bei den heutigen Fettgehalten von Würsten? Ist dies eine ausreichende Differenzierung?

2 Die Regel 4 der DGE lautet: „Essen Sie Milch und Milchprodukte wie Joghurt und Käse täglich, Fisch ein- bis zweimal pro Woche. Wenn Sie Fleisch essen, dann nicht mehr als 300 bis 600 g pro Woche." Sollten wir weniger magere Steaks, Schnitzel und Zwiebelmettwurst bzw. Schinkensülze essen und mehr Ölsardinen und Räucherfisch? Ist die Regel 4 ausreichend?

3 Was wird unter Functional Food verstanden? Lassen sich Wurstwaren durch Zusatz von Körnern als Functional Food kennzeichnen?
Bei der Wurstherstellung und der Schinkenproduktion werden in der Regel 1 g/kg (1000 mg/kg) Ascorbat bzw. Ascorbinsäure (Vitamin C) als Umrötungshilfsmittel verarbeitet. In 1 l Orangensaft sind 300 mg enthalten. Wie groß ist der Unterschied in Prozent?

4 Wo treten Kohlenhydrate im Fleisch auf? Wie heißen sie?
Wodurch werden sie umgewandelt und wozu werden sie umgewandelt?

5 Nennen Sie drei „Dienste" der Fette für den Menschen. Wie heißen die drei Fettbegleitstoffe?
Ergänzen Sie: Je höher der Schmelzpunkt, desto ______ die Kette.
Je niedriger der Schmelzpunkt, desto ______ Doppelbindungen.

6 Welches ist der wertbestimmende Bestandteil des Fleisches, der Wurst und warum?

7 Welche lebensnotwendigen Vitamine liefert die Leber und welche das Muskelfleisch? Erklären Sie die Funktion der Vitamine und die entstehenden Mangelerscheinungen bei zu geringer Vitaminzufuhr?

8 Welche Mineralstoffe sind besonders im Fleisch enthalten? Bei einem durchschnittlichen Bedarf von 12,5 mg Eisen pro Tag für einen Erwachsenen sind in 100 g Spinat 4,1 mg und im Fleisch 2,5 mg enthalten. Bei Fleisch liegt die Resorbierbarkeit bei 21 % und bei Spinat bei 1,5 %. Wie viel Fleisch bzw. wie viel Spinat muss gegessen werden, um den täglichen Bedarf zu decken?

9 Erklären Sie den Begriff biologische Wertigkeit. Welches Argument spricht aus der Sicht des Fleischers für ein Rindersteak gegenüber Eiern? Auf welche kritische Anmerkung könnte ein Kunde kommen?

10 Beschreiben Sie den Verlauf der Nahrung durch die einzelnen Verdauungsorgane und beschreiben Sie die Funktion der einzelnen Verdauungsorgane.

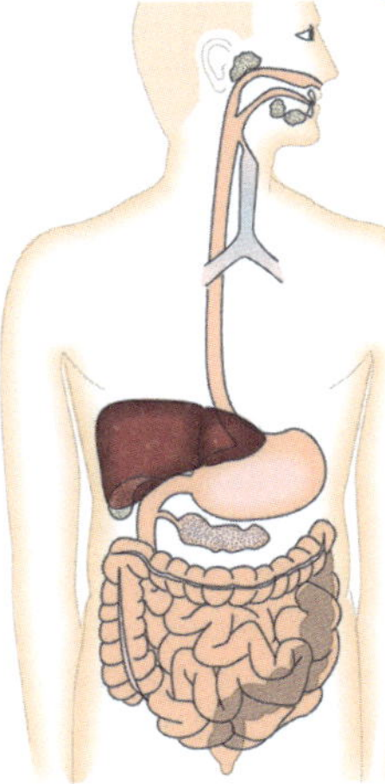

Name: ______ Klasse: ______ Datum: ______

Bildquellenverzeichnis

Aichinger GmbH, Wendelstein: S. 15/1
aid, Bonn: S. 8/1; 29/2
Albert Schumann GmbH, www.schumann-gmbh.de, Sillerup: S. 16/3
AlexanderSolia GmbH, Remscheid: S. 16/2
alias GmbH, Berlin (Fotograf: Zwingmann, Konrad, Berlin): S. 19
Arbeitskreis Omega-3 e.V., Frankfurt am Main: S. 65/5
Bell Deutschland GmbH & Co. KG, Seevetal: S. 9/2
Berufsgenossenschaft Nahrungsmittel und Gastgewerbe (BGN), Mannheim: S. 10; 12/11,12; 14
Bioland e.V., Mainz: S. 26/3
Bizerba GmbH & Co. KG, Balingen: S. 15/2,3
Bundesanstalt für Landwirtschaft und Ernährung, Bonn: S. 26/1,2
CMA, Bonn: S. 8/2; 25/1,2; 30/6; 32; 33/1-3; 33/6; 43; 63/2; 81/2,15,17
Demeter e.V., Darmstadt: S. 26/4
Deutscher Fleischer-Verband e. V., Frankfurt am Main: S. 5; 24/1 – 8; 30/1 – 5; 33/4,5; 70/1; 81/12 – 14
DIN Deutsches Institut für Normung e. V., Berlin DIN Deutsches Institut für Normung e. V., Berlin: S. 11/1
Eckes Granini Deutschland GmbH, Nieder-Olm: S. 65/6
Ecolab Deutschland GmbH, Monheim am Rhein: S. 17/2
EUREKA GmbH & Co. KG, Emsdetten: S. 39
Feldhus Fleischwarenbetriebe GmbH, Metelen/Westf: S. 9/9
Fleischerei Franke, Gera: S. 18/2
Gäa e.V. – Vereinigung ökologischer Landbau, Dresden: S. 26/6
Hanna instruments Deutschland GmbH, Kehl: S. 36
Hela Gewürzwerk Hermann Laue GmbH, Ahrensburg: S. 48/1 – 4
iStockphoto, Berlin: S. 64/4 (bonchan); 64/6 (Grafissimo); 64/7 (Kateryna Govorushchenko); 72/1 (maxbmx); 75/1 (Maria Pavlova); 79/1 (tomczykbartek); 81/1 (tomczykbartek)
Jung, Anja, einfach machen Unternehmenskommunikation, Hamburg: S. 80
Kleiber, Susanne, Hamburg: S. 12/1 – 10; 47/2
KORIMAT Metallwarenfabrik GmbH, Haiger Weidelbach: S. 57
Krausen, Scott, Mönchengladbach: S. 17/3; 28/2 – 5; 56/2 – 8; 67; 71; 73; 78/1; 81/19
Mado GmbH, Dornhan: S. 16/1
MIKON Mineralienkontor GmbH, Klein Lengden: S. 17/4
Naturland Zeichen GmbH, Gräfelfing: S. 26/5
Porkka Finland Oy, Lahti, Finnland: S. 17/1
Schmid, Rudolf, Hamburg: S. 4; 6; 9/1,3 – 5,7,8,10,11; 13; 34; 42; 50; 55/1,2; 62/2 – 4; 63/1,3; 68; 69; 70/3,5,6,8; 81/3 – 11
Schulz Systemtechnik GmbH, Visbek: S. 29/1
Shutterstock Images LLC, New York, USA: S. 18/1 (Oliver Hoffmann); 21;22 (Kateryna Kon); 63/4 (JPC-PROD); 63/6 (Andrey_Kuzmin); 64/5 (marilyn barbone); 64/8 (nadianb); 64/9 (Stephen Cook Photography); 64/10 (Sebastian Duda); 65/1 (kropic1); 65/2 (Anton Starikov); 65/3 (LuckyDesigner); 65/4 (ununuij); 65/7 (S1001); 76 (chatuphot); 79/1a,2a (Triff); 79/2 (Lunov Mykola)
Sopexa S.A., Deutschland, Düsseldorf: S. 3
SP Spezialitäten Partner Nord GmbH, Bremen: S. 63/13
Stiftung Warentest, Berlin: S. 45/1 – 3
stock.adobe.com: S. 7/1 (Makuba); 7/2 (pyansetia2008); 7/3 (Ruud Morijn); 9/6 (rdnzl); 11/2 (Robert Kneschke); 53 (jandvatering); 56/1 (imagestalk); 58 (HL Photo); 59 (Stefan Redel); 60 (Stephanie Eckgold); 62/1 (Lucky Dragon); 63/5; 63/7 (Motorelka); 63/8 (Denis dryashkin); 63/9 (Denis Dryashkin); 63/10 (Teamarbeit); 63/11 (Werg); 63/12; 63/14; 63/15 (Valentyn Volkov); 64/1 (Inga Nielsen); 64/2 (Kzenon); 64/3 (mapoli-photo); 66/1 (HaBlu); 66/2 (Alessia Epp); 66/3 (Galina Barskaya); 66/4 (Gina Sanders); 66/5 (Kzenon); 66/6 (stefan); 70/2 (ExQuisine); 70/4 (Elena Schweitzer); 70/7 (Okea); 70/9 (Reena); 70/10 (Mert Akarca); 75/2 (runzelkorn); 81/16 (Nikola Bilic); 81/18 (mizett)
Thumser, Klaus, Hamburg: S. 23; 28/1; 54; 61; 62/5

ISBN 978-3-582-98413-5 Best.-Nr. 14103
Arbeitsheft – 3. Auflage 2022

ISBN 978-3-582-12517-0 Best.-Nr. 14104
Arbeitsheft mit Lösungen – III/3. Auflage 2022

Verlag Dr. Felix Büchner – Verlag Handwerk und Technik GmbH,
Lademannbogen 135, 22339 Hamburg; Postfach 63 05 00, 22331 Hamburg
E-Mail: info@handwerk-technik.de – Internet: www.handwerk-technik.de

Satz und Layout: alias.medienproduktion GmbH, 12526 Berlin
Korrekturausführung: Olaf Schlierf Type & Design, 29331 Lachendorf
Umschlagbilder: fotolia Deutschland, Berlin, www.fotolia.de © goodluz (oben 1); Thumser, Klaus, 22415 Hamburg (oben 2, 3); Anja Jung, einfach machen Unternehmenskommunikation, 20357 Hamburg (unten 1 – 3)
Druck und Weiterverarbeitung: Elbe Druckerei GmbH, 06886 Lutherstadt Wittenberg